세상의 모든 화장품
**케어셀라로 답하다**

# 세상의 모든 화장품 케어셀라로 답하다

황선희 뷰티강사 지음

SBOOK

프롤로그

# 세상의 모든 화장품 케어셀라로 답하다

**피부세포까지 치유하는 뷰티시장의 새로운 바람, 케어셀라**

여자로 살아간다는 것은 무얼까? 모파상의 유명한 소설 《여자의 일생》에는 남편과 자식 때문에 불행을 겪는 주인공 잔이 나오는데 그것이 그리 낯설지 않은 이유는 무얼까? 예부터 여자는 인류가 생존하는 데 커다란 역할을 담당하면서도 굉장한 푸대접을 받아왔다. 예나 지금이나 여자는 집안에서 아이를 낳아 양육하고 가정을 돌보며 가족을 지원하는 역할을 한다. 물론 경제까지 일부 책임지고 있다. 여기에는 커다란 희생이 따르지만 그동안 여자는 그에 합당한 대우를 받지 못했다.

다행히 이제는 여자도 자기 목소리를 내고 있다. 너무 오래 짓눌려온 탓에 조심스럽긴 하지만 여자가 사회를 이끄는 하나의 축으로 부상하면서 여자의 감성과 터치를 활용하는 일이 점점 확대되고 있다. 그

중 대표적인 것이 건강과 뷰티 관련 산업이다.

특히 대한민국 사회의 선진화로 뷰티와 건강 산업이 크게 부상하고 있는데 여자는 이 분야에서 소비를 이끌어내는 주축이자 핵심이다. 사회가 선진화할수록 뷰티와 건강 산업은 더욱더 커지고 강해지는 특성을 보인다.

내가 처음 뷰티 사업을 시작했을 때 건강과 미용이 끊임없이 화두로 떠올랐고 나는 피부미용업에서 미래 비전을 보았다. 과학 발달로 모든 것을 기계로 대체해도 사람과 사람 사이의 교감, 즉 손맛이 필요한 마사지 세계는 기계가 대체할 수 없을 거라고 판단했기 때문이다. 더구나 마사지와 천연유기농 제품을 네트워크로 잘 풀어 가면 안정적인 블루오션을 개척해 노후를 보장받을 수 있을 것 같았다.

### 뷰티시장, 한계점에 다다르다

처음에는 피부미용 자체가 재미있었고 내가 관리해준 고객은 대체로 만족감을 표했다. 나 또한 제품으로 고객의 외모와 인생까지 바뀌는 것을 보며 만족을 느꼈다. 신제품이 나올 때마다 기대감과 호기심이 컸던 나는 스스로 사용해보는 것은 물론 주위에 권해 감사의 인사를 많이 받았다.

시간이 흐르자 나는 가만히 있는데 시장이 바뀌기 시작했다. 주변에 많은 뷰티숍이 생기고 서로 비슷한 제품을 쓰다 보니 업계는 점점 박리다매 형태로 기울었다. 내게는 기술과 노하우가 있으니 괜찮을 거라고 생각했으나 그것은 나만의 착각이었다.

 아무리 노력해도 결과는 나빠졌고 회사는 밀어붙이기 식으로 너무 많은 제품을 쏟아내기 시작했다. 비슷한 제품이 여기저기에서 밀물처럼 밀려들자 시장은 요동을 쳤다. 불과 15년도 되지 않아 피부미용업은 와르르 무너져 내리고 있었다.

 나를 더욱 괴롭게 한 것은 시장도 시장이지만 영업 전략이라는 이름 아래 회사가 진행하는 판매 과정이었다. 여러 회사와 경쟁하다 보니 성과를 내기 위해 다양한 모양의 신제품을 제작한 회사는 은근히 납품 압박을 가했다. 또 천연·유기농이라는 타이틀을 붙여 가격을 올렸고 신물질의 경우 원료가격 인상을 빌미로 공급자인 나조차 쓰기에 부담스러울 만큼 가격을 비싸게 책정했다.

 예를 들어 1회 시술 원가가 약 10만 원이고 앰플을 더하면 몇십만 원인 스피큘 필링 시스템은 초기에만 잠깐 고객의 호응을 얻었다. 그러나 호기심에 한두 번 해본 고객은 빠르고 강한 효과를 원하며 비용이 비슷한 피부과로 발길을 돌렸다.

 가격경쟁력에서 밀리면 소비자가 외면하는 것은 당연하지만 그 모든 책임은 회사가 아닌 고객을 직접 관리하는 내게로 떨어졌다. 여기에다 고객은 지속적인 사용을 강요당할까 걱정하며 저렴한 숍으로 이동했고 심지어 오랜 고객마저 발길을 끊는 일이 빈번해졌다. 그뿐 아니라 매년 경제는 어려워지고 소비자는 줄어드는 상황에서 회사는 독점계약 사용료를 올려야 한다거나 이런저런 핑계를 대며 경제적 부담을 안겨주었다.

이제 일반적인 천연제품으로는 신물질의 효과를 따라잡기 어렵다. 결국 피부미용업은 비용과 효능 사이에서 한계점에 다다랐고 더 이상 미래를 보장하는 전문직이 아니라 노동력과 숙련된 테크닉으로 할 수 있는 기술직으로 전락했다.

### 뷰티시장의 새로운 충격, 케어셀라

내게 구원의 손길을 내밀어준 것은 바로 케어셀라다.

처음에는 가격이 너무 저렴해서 품질이 형편없는 제품일 거라고 생각했다. 뷰티숍을 경영하다 보면 이런저런 정보를 듣고 찾아오는 사람을 하루에도 몇 명이나 상대하게 마련이다. 한 지인이 케어셀라를 소개했을 때도 나는 속으로 시큰둥했지만 일단 받아두었.

'이렇게 싼 제품이 좋아봐야 얼마나 좋겠어? 아는 처지에 그냥 한번 팔아주고 말자.'

며칠 후 우연히 받아둔 케어셀라가 생각나 기초 5종 세트를 발라봤는데 느낌이 완전히 달랐다. 프레스티지 라인을 사용한 지 보름 만에 4년 동안이나 그대로 있던 출산기미가 옅어지는 놀라운 일이 발생했다. 더구나 비너스필 시술, 천연 수제비누 그리고 모공과 미백 리프팅이 동시에 가능한 팩이 모두 몇천 원이라는 가격파괴는 그동안 내가 알던 화장품시장의 거품과 민낯을 직나리하게 보여주었다.

기존의 내 상식은 와장창 깨졌다. 미용뷰티 산업에서 거의 15년간 전문가로 불려온 내게 그 순간은 삶의 전환점이자 새로운 기회에 눈을 뜬 터닝 포인트였다.

나는 곧바로 처음부터 다시 배우는 학생의 자세로 돌아가 케어셀라 제품을 공부했다. 케어셀라에는 피부 건강을 넘어 사람을 겸손하게 만드는 무언가가 있는 것 같았다. 나는 기존의 모든 브랜드를 버리고 케어셀라로 매장을 채웠다.

케어셀라 제품으로 고객의 피부를 관리해주자 내 예상대로 하나같이 기대 이상의 결과를 얻었다. 제품이 좋고 저렴하다 보니 내가 많은 노력을 기울이지 않아도 고객이 점점 늘어났다. 도저히 가만히 있을 수가 없었다. 배움이 깊어지고 원료와 제품 사용법을 더 많이 연구한 나는 그 결과를 보다 많은 사람과 나눠야겠다는 일종의 사명감을 느꼈다.

결국 나는 오랫동안 정들었던 내 숍을 정리하고 본격적으로 네트워크 마케팅 사업을 시작했다. 행복하게도 지금 나는 뷰티아카데미를 진행하고 있다.

피부는 건강을 나타내는 인체의 가장 큰 장기인 동시에 아름다움을 가장 효율적으로 보여줄 수 있는 장기다. 우리에게는 아름다워질 권리가 있다. 단, 그 권리를 너무 터무니없는 가격으로 사서는 안 된다. 케어셀라는 이름 그대로 피부세포까지 치유하는 뷰티시장의 새로운 바람이다. 이 바람은 분명 미풍으로 그치는 게 아니라 태풍으로 발전할 것이다. 그 기대와 함께 나는 케어셀라를 사랑하는 온 마음을 이 책에 담았다.

　케어셀라를 경험하는 모든 사람이 건강하고 아름다운 피부로 거듭나는 신세계를 맛보길 기원한다.

**프롤로그**

세상의 모든 화장품 케어셀라로 답하다 ............... 08

## 01 케어셀라의 탄생과 차별성

1. 터전을 잡다 ............... 18
2. 연구 개발의 성과와 납품 ............... 20
3. 케어셀라가 탄생하다 ............... 22
4. 유통의 깨달음 ............... 23
5. 원료 ............... 25
6. 생산 과정 ............... 28
      벤처기업
      CGMP 시설
      ISO22716
      R&D 연구시설
      원심분리기
7. 가성비 ............... 32
8. 가심비 ............... 34
9. 무독성 ............... 37
      EWG, 친환경 안전 성분 등급
      더마테스트, 화장품을 해석하다
      화해, 화장품을 말하다
      화해로 케어셀라 확인하기
10. 필(必) 환경 ............... 49

## 02 피부 타입별 케어셀라 제품 구성과 사용법

1. 리프팅(주름) 라인 ............... 54
2. 미백(기미) 라인 ............... 61
3. 여드름 라인 ............... 66
4. 아토피(건선) 라인 ............... 71
5. 모공 축소와 블랙헤드 라인 ............... 75
6. 예민 라인 ............... 80

## 03 나디모 두피 라인

1. 걱정 많은 두피 이야기 ............... 86
2. 두피와 탈모 시장 규모 ............... 88
3. 두피 관리 방법 ............... 90
4. 나디모 구성 ............... 92
5. 공통적인 주요 성분 ............... 94
6. 비오틴, 모발 영양제 ............... 96
7. 여성탈모 두피 관리 방법 ............... 98
8. 남성탈모 두피 관리 방법 ............... 100
9. 건성 비듬형 두피 관리 방법 ............... 102
10. 가는 모발형 두피 관리 방법 ............... 104
11. 두피열 관리 방법 ............... 106
12. 천연샴푸를 사용했을 때 ............... 108
      나오는 반응

## 04 케어셀라의 주요 성분

1. 히알루론산, 진피의 수분 보충 ........ 112
2. 펩타이드, 4세대 화장품 원료 ........ 114
3. 나이아신아마이드 ........ 116
4. 아르간트리커넥터 오일, 모발 보습 및 유연제 ........ 117
5. 하이드롤라이즈드 콜라겐 ........ 118
6. 알란토인, 스테로이드 대체물질 ........ 120
7. 병풀 추출물, 상처 치유 및 마데카솔의 주원료 ........ 121
8. 아데노신 ........ 122
9. 진세노사이드(Rg2) ........ 124
10. 콩 피토플라센터, 진피 단백질 화합물의 영양 공급 ........ 125
11. 헥산디올, 파라벤 대체 천연방부제 ........ 126
12. 금불초(선복화), 주름 개선과 미백 ........ 127
13. 세라마이드, 피부장벽의 접착제 ........ 128
14. 시어버터, 보습 효과와 피부 연고 ........ 131
15. 라벤더 오일, 피부 진정 ........ 132
16. 다마스크장미 오일 ........ 133
17. 사해소금 ........ 134
18. 판테놀, 피부 상처와 피부염 도움 ........ 136
19. 히비스커스 추출물, 3세대 각질제거제 ........ 137
20. 레시틴, 피부세포 보호막 도움 ........ 139

## 05 케어셀라에 담긴 특별한 성분

1. 풀러린, 세상에서 가장 비싼 원료 ........ 142
2. ALA, 피부와 생명활동 물질 ........ 145
3. 보르피린, 주름 개선과 가슴크림 효능 ........ 147
4. 디펜실, 민감성 피부 안정제 ........ 149
5. 아데닌, 주름 개선 기능성 원료 ........ 150
6. 유리딘, 세포를 활성화하는 5세대 화장품 원료 ........ 151
7. GF복합체, 성장인자 ........ 153
8. Finexell-T11, 프리미엄 주름 개선 ........ 154
9. Tranexell-V10, 프리미엄 미백 ........ 155
10. 베타글루칸, 히알루론산보다 20퍼센트 이상의 보습력 ........ 157
11. 알로에베라잎수, 예민한 피부 진정 ........ 158
12. 베타인, 글리세린보다 강력한 보습 효과 ........ 159
13. 드래곤스블러드, 상처 치유 ........ 160
14. 프로폴리스, 피부 면역 ........ 161
15. 트레할로스, 피부 보습 ........ 162
16. 아르기닌, 콜라겐 합성으로 강력한 피부 탄력 증진 ........ 163

> 차별은 '구별'이라는 말로도 표현할 수 있다.
> 케어셀라는 확연한 차별과 구별이
> 동시에 가능한 제품이다.
> 모든 제품에는 저마다 출생 환경이 있는데
> 특히 케어셀라는 남들이 따라오지 못하는
> 좋은 환경에서 태어났다.
> 제품 자체가 좋은 것을 넘어 시장이 필요로 하고
> 또 소비자의 욕구를 충족시키는 제품이다.

# 01
# 케어셀라의
# 탄생과 차별성

터전을 잡다 | 연구개발의 성과와 납품 | 케어셀라가 탄생되다
유통의 깨달음 | 원료 | 생산 과정 | 가성비 | 가심비 | 무독성 | 필(必)환경

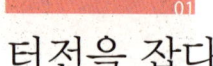
# 터전을 잡다

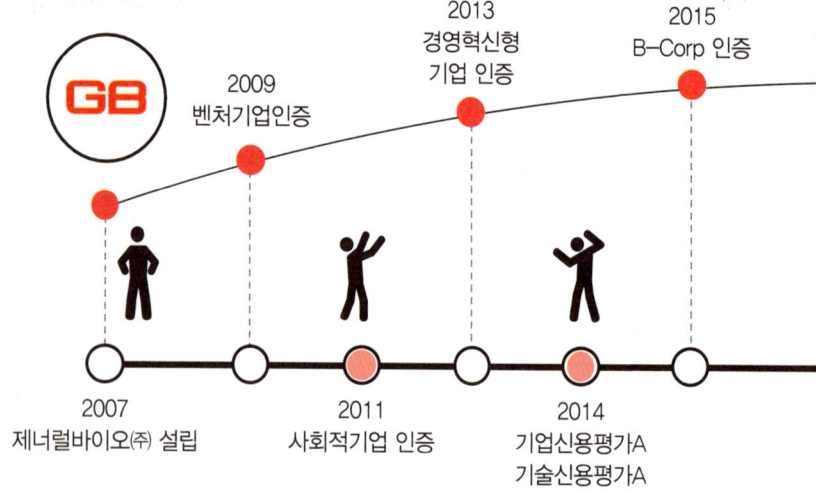

케어셀라는 오랜 연구 경험과 각고의 노력으로 일궈낸 결실이다. 대학에서 전자기계를 전공하고 외환위기 직전 대기업 계열사에 들어가 10년간 일에 미쳐 살았던 창업자는 신소재 개발연구원이라는 타이틀에 만족하고 있었다. 그러던 어느 날 사랑하는 아들이 천식으로 고통을 당하는 모습을 보면서 삶을 되돌아보기 시작했다.

'열심히 살면 정말로 미래가 나아질까?'

스스로 이 질문을 했을 때 왠지 나아질 거라는 기대감보다 더욱더 바쁘고 일에 치일 거라는 쪽으로 생각의 무게가 기울었다. 아무리 열심히 살아도 더 나아지지 않을 거라면 지금 이대로 사는 게 무슨 의미가 있을까?

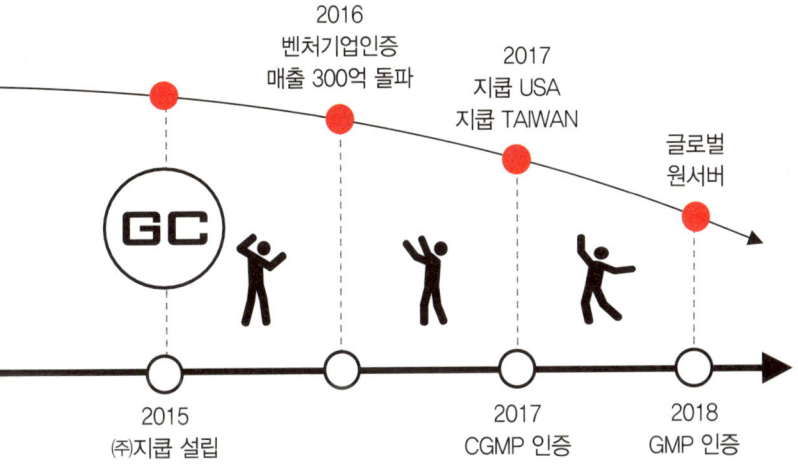

창업자는 가족의 건강을 지키고 자신의 일을 찾아야겠다는 결단을 내리고 청정지역과 아이템을 찾기 위해 6개월 동안 전국 구석구석을 찾아다녔다. 그러다가 그가 발길을 멈춘 곳이 지금의 케어셀라가 탄생한 전북 완주다.

완주는 다른 지역에서 거의 다 사라진 반딧불이 밤하늘에 가득했고 은하수까지 캄캄한 하늘을 수놓고 있었다. 먼저 가족과 함께 살 집을 찾아 그곳을 살펴본 그는 주변에 축사가 없는 장소에 빈집을 구했다. 비어 있던 집이라 지붕이 뚫려 비가 새고 쥐가 돌아다니기도 했지만, 그는 희망의 우산으로 지붕을 대신하고 기대의 씨앗을 심으며 미래 비전을 바라보기 시작했다.

곧이어 그는 한 번도 가보지 않은 그곳에서 전 재산 3억 원으로 땅 3,000평을 구매해 깃발을 꽂고 공장을 지었다. 그렇게 일을 시작한 때가 2007년 11월인데 그곳은 케어셀라 탄생을 뒷받침한 제조회사 제너럴바이오㈜의 터전이자 발판이었다. 창업자는 10여 년 동안 배운 신소재 연구 노하우에다 6개월간 고안한 주름 개선 · 미백 화장품에 승부를 걸고 직접 장고의 연구 개발에 들어갔다. 이렇게 시작한 연구 개발은 1년도 채 지나지 않아 성과를 내기 시작했다.

## 02 연구 개발의 성과와 납품

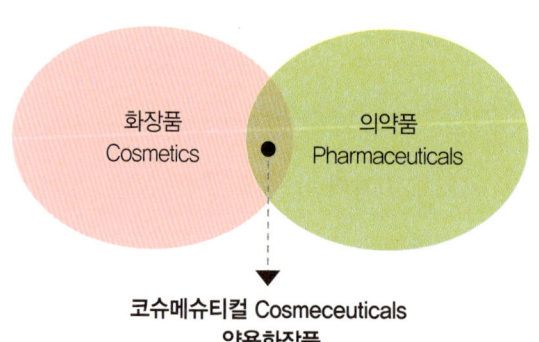

1986년 피부과 전문의인 Albert Kligman에 의하여 정립되었으며 의학적으로 규명된 성분을 화장품에 함유한 제품을 의미한다. 코스메슈티컬은 외형에 영향을 주는 동시에 건강한 피부를 위한 필요 영양소를 제공하여 피부 색, 피부 조직 등을 향상시킨다.

천성이 과묵한 창업자는 묵묵히 일에 집중하는 집념을 보였다. 먼저 그는 전 세계적으로 유명한 바디케어와 생활용품, 화장품을 수집해 원료와 성분을 분석하고 독성물질을 찾아냈다. 그리고 그 정보를 바탕으로 그보다 월등히 좋은 제품을 개발하는 데 성공했다.

그때부터 그는 그 제품을 들고 납품처를 찾기 위해 거의 모든 시간을 투입해 전국을 돌아다녔고 자동차 안에서 살다시피 했다. 피곤하면 길가에 차를 세워둔 채 쪽잠을 잤고 때론 화장실에 갈 시간도 부족해 차 안에서 용기에 소변을 받기도 했다.

'친환경 제품'이라는 말은 천연 성분이 소량만 들어가도 사용할 수 있는 단어지만, 제너럴바이오(주)가 개발한 제품은 100퍼센트 안전한 친환경 제품이었다. 한마디로 그 제품은 천연 성분을 소량만 넣고도 친환경 제품이라 일컫는 여타 제품과는 차원이 달랐다.

처음에는 많은 회사가 이 사실을 믿지 않았다. 하지만 그들이 제품의 안전성과 우수성을 알아차리는 데는 오랜 시간이 걸리지 않았다. 이후 많은 제약회사, 글로벌 대형 할인매장, 유명 브랜드 회사가 원료와 완제품을 주문하기 시작했다. 결국 주문이 밀려들면서 제너럴바이오(주)는 1년 만에 손익분기점을 가뿐히 넘기는 결실을 얻었다.

## 03
# 케어셀라가 탄생하다

**케어셀라 Carecella**

---
Care(낫게하다) + cella(세포)
---
피부의 특효성분과 피부 친화성, 안정성이 입증된
성분만을 사용하여 완성 된 제너럴바이오(주)의
과학적시스템에서 개발된 스페셜 케어 라인

① 피부과, 성형외과 및 에스테틱 1,000여 곳에 제품 공급
② 해외 35여 개국 코슈메슈티컬 전문 업체에 제품 공급
③ 2014년 해외전시회 및 시장개척단 10회 참가
④ KLAPP(EU 유명 에스테틱 화장품 브랜드) 참가

케어셀라는 Care(낫게 하다)와 Cella(라틴어로 '세포'라는 의미)의 합성어로, 피부세포를 보호하고 치유하는 것은 물론 아름다움을 유지해준다는 의미로 개발한 브랜드다. 다시 말해 이것은 제너럴바이오(주)의 과학적 시스템에서 피부에 좋은 특효 성분, 피부 친화성과 안전성을 입증한 성분만 사용해 개발한 스페셜 케어 라인이다.

미생물을 활용하고 특화한 원료를 사용해 만든 케어셀라 제품은 등장하자마자 많은 주목을 받았다. 일부는 제너럴바이오(주)에서 세계 최초로 ICDI(국제화장품 원료공전)에 신규 물질로 등록하기도 했다. 케어셀라의 원료와 제품은 소비자 욕구를 충족시켜주면서 삽시간에 커다란 호응을 얻기 시작했다. 시장의 폭발적인 반응과 함께 케어셀라가 관심의 중심에 선 것이다.

# 유통의 깨달음

**일반 유통**

R&D → 제조 → 회사 → 유통업자 → 소비자

모든 단계에서 비용발생 하는 다단계 유통
수입은 1단계에서 발생하는 단단계 수입

**케어셀라 유통**

R&D + 제조 + 회사 모두 한 곳 → 유통업자 → 소비자

모든 단계에서 최소비용발생 하는 단단계 유통
수입은 무한단계에서 발생하는 다단계 수입

제너럴바이오(주)는 케어셀라를 유명한 네트워크 마케팅 회사에 납품했고 기존 화장품과 판이한 획기적인 제품으로 소문이 나면서 크게 인기를 끌었다. 회사가 성장을 거듭하자 제품 성분과 피부에 작용하는 원리를 궁금해 하는 사람들의 강연 요청이 쇄도했다.

제너럴바이오(주)의 대표는 바쁜 와중에도 짬짬이 시간을 내 강연을 했는데, 어느 날 강연을 마치고 대담하는 자리에서 어떤 사람이 이렇게 물었다.

"이처럼 좋은 제품을 좀 더 저렴하게 공급하면 안 되겠습니까?"

1. 어느 정도 영향을 준다          63.8%

18.5%   2. 매우 많은 영향을 준다

13.1%   3. 별로 영향을 주지 않는다.

3.9%    4. 전혀 영향을 주지 않는다.

**입소문이 화장품 구매에 미치는 영향 평가**
자료: 엠브레인트렌드모니터

    케어셀라는 분명 저렴한 가격에 납품하고 있었지만 그것을 구매한 유통업자가 판매가를 높게 책정하면서 소비자가격이 예상보다 훨씬 비쌌다. 유통업자들이 소비자에게 상당히 부담이 가는 가격을 책정했던 것이다.

    제품에 본래 없던 다양한 리베이트가 포함되었음을 확인한 대표는 이를 이상하게 여겨 유통경로를 추적했다. 그 결과 그들이 네트워크 마케팅 제품은 일반 제품보다 좋다는 인식 아래 오히려 더욱 부풀린 가격대를 유지하고 있다는 사실이 드러났다. 이는 네트워크 마케팅은 중간 유통을 없애고 광고비용을 판매자에게 돌려준다는 이론에서 한참이나 벗어난 행위였다.

    이 충격적인 현실은 편법을 넘어 소비자를 기만하는 행위나 다름없었다. 그 회사와 사업 파트너 관계를 맺고 일하는 사업자 역시 참담할 정도로 수입이 낮았다. 제품이 아무리 좋아도 비싸면 지속적으로 소비하기가 어렵기 때문이다.

    깊은 고민에 빠진 제너럴바이오(주) 대표는 결국 2015년 7월 1일 사회적기업의 날에 네트워크 마케팅 회사 ㈜지쿱의 탄생을 알렸다. 덕분에 '공정플랫폼 다단계 회사 지쿱' 아래 많은 사람이 케어셀라를 원하는 가격대에 구입해 사용하는 기회를 누리기 시작했다.

## 05 원료

**케어셀라 제품 속에 들어 있는 원가비율**

**35~55%**

※ 일반 방판 5%
　 기능성 제품 10%
　 네트워크 마케팅 15%

　케어셀라의 원료 중 일부는 생산지에서 출하하는 식물을 활용한다. 특히 인삼은 생산지와의 계약 재배로 원료를 납품받는데 재료가 도착하면 가장 먼저 약 245종의 중금속과 독성물질을 제거한다. 그 뒤 바이오 컨버전스 Bio-Convergence 기술로 대량의 특이사포닌 Rh1, Rg2, Rg3 등을 추출해 화장품 성분으로 사용한다.

　실제로 지쿱은 최대 시설로 좋은 성분을 대량 획득하기 때문에 케어셀라에 약 35퍼센트의 원료를 쏟아 붓는다. 이는 여타 회사에서 감히

엄두도 내기 힘든 함량이다.

일반 방문판매나 시판 중인 화장품의 원료와 원가비율은 10퍼센트를 넘지 않는다. 그 속을 가만히 들여다보면 이렇게 단정하는 이유를 알 수 있다. 보통 유통비용으로 50퍼센트 정도를 쓰는데 여기에 원가 10퍼센트를 더하면 이미 60퍼센트에 달한다. 마케팅과 홍보비용, 회사 운영비를 첨가할 경우 간단히 80퍼센트를 훌쩍 넘는다. 그래서 이들은 원가를 평균 5퍼센트로 유지해야 기업을 운영할 수 있다.

케어셀라에 35퍼센트가 넘는 원료를 첨가하는 것이 얼마나 대단한 일인지 알겠는가. 이런 까닭에 케어셀라는 일반 제품과 성능을 비교하는 것이 불가하고 아예 비교 자체를 꺼리는 일이 다반사다.

일반 제품 속에 들어 있는 거품들
로열티, 제조원가, 임직원 %,
대표사업자 %, 중간 유통비용,
수당 비용, 홍보 및 광고 비용,
기타 등등 포함

많은 회사가 원가 공개를 꺼리는 이유는 제품 안에 별도로 지급하는 것이 다양하게 포함되어 가격이 생각보다 심하게 부풀려져 있기 때문이다. 외국에서 수입해온 제품은 그 수준이 더 심각하다.

예를 들면 몇천 원에 수입한 제품을 십만 원대를 훌쩍 넘겨 판매하기도 한다. 브랜드 가치를 적용해 아주 비싼 가격에 내놓는 경우도 많다. 여기에는 묘한 소비자 심리도 작용한다. 똑같은 제품을 저렴하게 내놓으니 반응이 저조했는데 제품가격을 높이자 오히려 잘 팔렸다는 우스갯소리도 있지 않은가.

화장품은 가격에 거품이 아주 많이 들어간 품목 중 하나다. 제품명에 어려운 이름을 넣어 그것이 마치 새로운 개념의 제품인 양 속이는 것은 일도 아니다. 또 미량의 좋은 성분을 넣고 그것을 크게 부각시켜 대대적으로 홍보하는 회사도 많다. 제품에 대단한 기능이라도 있는 것처럼 눈속임하며 소비자를 우롱하는 장사치도 어렵지 않게 볼 수 있다.

이제 소비자가 더 이상 속지 말고 현명한 소비를 해야 한다. 그래야 어지러운 화장품 유통시장을 바로 세울 수 있다.

# 생산 과정

## 벤처기업

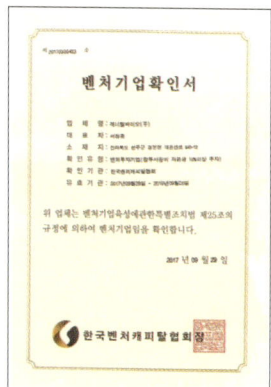

케어셀라를 생산하는 제너럴바이오(주)는 벤처기업이다. 벤처기업이란 창조적인 아이디어와 첨단기술을 바탕으로 사업을 도전적으로 운영하는 중소기업을 말하며 이를 스타트업Startup이라 부르기도 한다. 벤처기업에서 출시하는 제품은 일단 우수성을 인정받는다.

## CGMP 시설

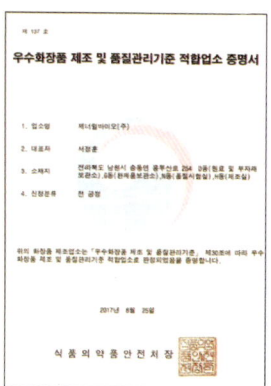

식품의약품안전처에서 인증 받은 CGMP(우수화장품제조시설)

케어셀라의 전 제품은 우수화장품 제조시설인 CGMP에서 제조한다. 제품의 우수성을 확인하려면 우선순위로 이 시설에서 제조했는가를 파악해야 한다. CGMP에서 제조하는 것은 수출할 때 기본사항에 들어간다.

## ISO22716

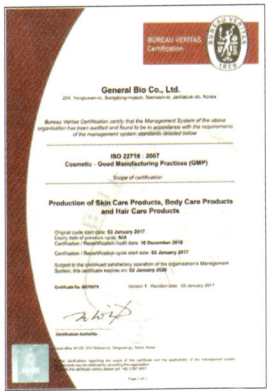

CGMP와 유사한 ISO22716은 국제화장품 가이드라인으로 품질 시스템을 다루는 국제 규격 인증이다. 지금은 CGMP와 함께 ISO22716 인증이 있어야 수출이 가능하며 많은 나라에서 ISO22716을 자국 CGMP에 반영한다. 즉, 이것은 선택이 아닌 필수조건으로 자리 잡고 있다.

CGMP는 법령, 제조시설, 청결함, 제조 과정상 기계 공조 등을 깊이 있게 다룬다. ISO22716은 제조시설뿐 아니라 경영, 자재관리, 설계, 개발 등의 폭을 다룬다. 간단히 말해 이 두 가지는 70퍼센트가 유사하며 나머지 30퍼센트에 차별을 두고 있다.

### 각국의 CGMP와 ISO22716 적용 상황

| | |
|---|---|
| 유럽 | 2011년 ISO 22716 의무 적용 |
| 아세안 국가들 | CGMP와 ISO 22716 동등함 인정 |
| 일본 | ISO 22716 채택 |
| 미국 | ISO 22716에 맞춰 FDA 가이던스 계정 |
| 캐나다 | 자발적 CGMP 표준으로 ISO 22716 채택 |

## R&D 연구시설

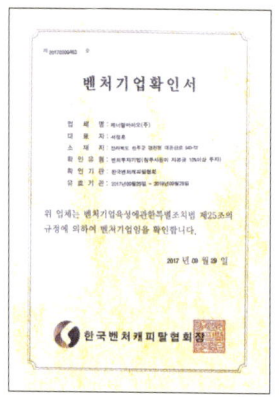

케어셀라는 제품 차별화를 위한 R&D 연구시설을 자체 확보하고 있다. 이 시설에서는 핵심연구원 20여 명과 보조연구원 30여 명이 케어셀라를 지속적으로 연구 개발하는 데 집중하고 있다. 이는 대한민국에서 손에 꼽힐 정도의 R&D 연구시설로 모든 제품을 자체 연구로 개발해 출시한다. 무엇보다 매출액의 15퍼센트를 연구 개발에 투자한다.

 R&D는 Research and Development의 줄임말로 '연구 개발'을 의미한다. 2017년 약 78조 원의 R&D 비용을 지출한 대한민국은 세계 5위의 R&D 강국에 속한다. 그리고 케어셀라를 생산하는 제너럴바이오(주)는 자체 GMP, CGMP, R&D연구소를 보유한 국내 10위권 중견회사로 이곳에서 매월 평균 5개 이상의 신제품을 출시하고 있다.
 현실을 보자면 많은 기업이 로열티를 지불하고 타사의 R&D연구소에서 연구한 원료를 구매해 상품화한다. 이 경우 제품 값에 비싼 로열티를 포함해야 하기 때문에 가격을 저렴하게 할 수 없다. 반면 케어셀라는 모든 과정을 자체 운영하므로 어떤 성분, 어떤 가격대라도 소비자가 원하는 대로 맞춰서 제공하는 것이 가능하다. 이것은 기업과 소비자 모두에게 유리한 커다란 장점이다.

## 원심분리기

케어셀라를 연구 개발하는 R&D연구소는 국내에서 가장 큰 원심분리기를 소유하고 있다. 덕분에 원하는 모든 제품의 성분을 마음대로 배합하고 독성을 걸러내 최상의 제품을 만들어낸다.

우리는 일상생활에서 원심분리기Centrifuge 원리를 이용한 제품을 편리하게 사용하고 있다. 대표적으로 믹서나 도깨비 방망이가 여기에 해당하며 세탁기도 원심력을 이용해 수분을 분리해서 배출하는 원심분리기에 속한다.

케어셀라 R&D연구소에서 사용하는 원심분리기는 1분에 수만 번 회전하는 기계로 연구 개발에서 가장 중심적인 역할을 담당한다. 사실 연구원들이 가장 갖고 싶어 하는 기계가 좋은 원심분리기다. 좋은 원심분리기만 있으면 얼마든지 원하는 제품 성분을 추출하고 타제품의 성분도 모두 확인할 수 있다. 타제품의 성분을 확인하는 것이 가능하면 더 좋은 성분 배합으로 제품을 생산하는 이점을 누린다.

현재 케어셀라가 다른 어떤 제품보다 우수하고 성분이 뛰어난 이유는 제너럴바이오(주)가 국내에서 가장 큰 원심분리기를 소유하고 있기 때문이다. 이런 시설을 확보한 덕분에 제너럴바이오(주)는 국가 시책 사업을 진행하고 있다.

최근에는 100퍼센트 식물성 줄기세포를 연구 개발 중이다. 관련 제품은 2019년 말에 나올 예정인데 이것을 출시하면 한국 화장품시장이 다시 한 번 크게 요동칠 것으로 보인다.

# 가성비

 만 19세 이상 성인남녀 1,000명을 대상으로 화장품 소비태도를 조사한 결과 화장품을 구매할 때 '효능과 효과'를 가장 중요하게 고려하는 것으로 나타났다.

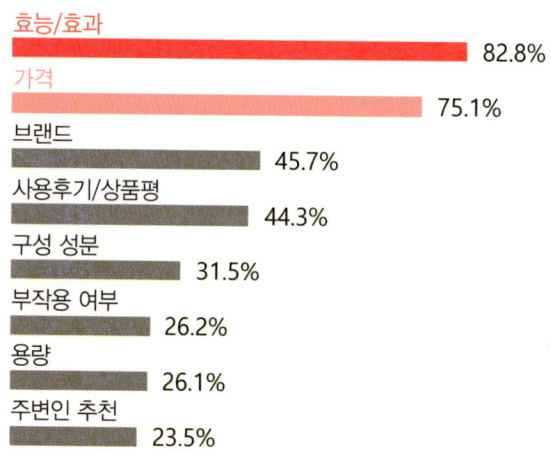

화장품 구입 시 중요하게 고려하는 요소

- 효능/효과 82.8%
- 가격 75.1%
- 브랜드 45.7%
- 사용후기/상품평 44.3%
- 구성 성분 31.5%
- 부작용 여부 26.2%
- 용량 26.1%
- 주변인 추천 23.5%

자료: 시장조사전문 사이트 트렌드모니터/ 중복 %

 가성비價性比란 가격 대비 성능을 말하는데 이는 최근 가장 강력한 소비 트렌드 조건으로 발돋움했다. 한마디로 이것은 '비싸면 좋다'라는 과거의 편중된 인식을 뒤바꿔놓은 신조어다. 트렌드모니터의 조사에 따르면 소비자는 효능과 가격을 가장 중요하게 고려하고, 성능이 좋으면서 가격이 저렴할 경우 언제든 지갑을 여는 효용效用 지향 자세를 보인다고 한다.

시장흐름이 가성비 쪽으로 기울다 보니 많은 업체가 앞 다투어 가성비가 좋은 제품을 선보이고 있다. 그러나 그 내면을 가만히 들여다 보면 프로모션 차원에서 한두 가지 제품만 전략적으로 내놓는 경우가 다반사다.

거의 모든 제품을 가성비 좋게 내놓을 수는 없다. 좋은 원료와 무독성 원료로는 가성비를 충족하기 어렵기 때문이다. 만약 그렇게 했다가 소비량이 저조하면 회사의 존속마저 위험해질 수 있다.

간혹 특정 원료 한두 가지만 넣고 가성비가 높다고 부풀려서 외치는 사례도 있으므로 주의할 필요가 있다. 전체 성분에 들어 있는 특효 성분을 자세히 살펴 정말로 가성비가 좋은지 확인하고 제품을 선택해야 한다.

케어셀라는 업계에서 추종하기 어려울 만큼 좋은 가성비를 보이고 있다. 그야말로 우수한 품질에다 어떤 제품도 흉내 낼 수 없을 정도로 가격이 저렴하다. 만일 케어셀라와 같은 원료로 제품을 생산할 경우 약 10배 이상의 가격대를 형성할 수밖에 없을 만큼 뛰어난 가성비를 자랑한다. 이는 모든 생산라인을 갖추고 원료부터 완제품까지 직접 생산하는 시스템 덕분에 가능한 일이다.

아무리 제품이 좋아도 가격이 비싸면 한 번은 몰라도 계속해서 사용하기에는 부담스럽다. 그래서 많은 업체가 일반 소비자가 허용하는 가격대에 맞추기 위해 값이 저렴한 화학 방부제를 사용한다. 여기에다 최소 50퍼센트에 달하는 유통비용과 광고, 부대비용까지 부담하는 까닭에 실제 원가비율과 성능이 기대에 미치지 못하는 경우가 허다하다. 하지만 케어셀라는 이런 실태에 모범적인 답을 보여주고 있다.

## 08 가심비

[ 케어셀라 안에는 제품 그 자체를 넘어 장애인과 사회적 취약계층, 지역주민 그리고 다른 누군가에게 삶의 꿈을 심어주는 많은 것이 들어 있다. ]

2018년부터 사람들 입에 심심찮게 오르내리는 말 중 하나가 가심비價心費다. 가심비란 '가격 대비 심리적 만족'이라는 뜻으로 가격, 성능, 흡족함이라는 3박자가 맞아야 가심비란 용어를 사용할 수 있다.

가심비의 핵심은 스트레스 완화와 만족에 있다. 화장품의 경우 처음 구매하면 그것이 내 피부에 맞을지, 혹시 트러블이 생기지는 않을지,

좋지 않은 성분이 피부에 해를 끼치지 않을지 등 다소 복잡하고 두려운 마음을 안고 제품을 사용한다. 이때까지는 스트레스 완화와 만족보다 압박감이나 불안감을 더 많이 느낀다.

그러다가 실제로 제품을 사용한 뒤 놀랍게도 피부가 개선되는 효과를 보면 모든 걱정과 근심이 사라지면서 만족감을 느끼는데 이때 진정으로 가심비가 좋다고 할 수 있다. 이처럼 가심비란 외면과 내면을 모두 충족하고 난 뒤에야 사용할 수 있는 귀한 용어다.

**제품 속에 들어 있는 가심비**
① 임직원 70퍼센트 이상이 장애인과 취약계층
② 대한민국의 대표적인 사회적 기업
③ 전 세계 사회적 기업 10위권
④ 지역 계약재배 농민
⑤ 해마다 해밀학교 후원
⑥ 유통에 참여한 많은 사람에게 성공 선물
⑦ 1억 기부 아너 소사이어티Honor Society 회원

가심비가 뛰어난 케어셀라는 단순히 좋은 성분과 만족감만 제공하는 것이 아니다. 케어셀라 제품에는 다양한 사회 구성원이 참여해 운명을 함께하고 있다.

먼저 케어셀라를 생산하는 제너럴바이오(주)는 사회적 기업으로 사회와 기업 모두에 도움을 준다. 전체 직원의 30퍼센트 이상이 장애인이고 지역의 소외계층까지 합하면 취약계층이 70퍼센트가 넘는 대한민국의 대표적인 착한 기업이다. 실제로 전 세계에서 인정하는 착한 기업 10위권에 드는 제너럴바이오(주)는 비콥B-Corp 인증(록펠러재단에서 만든 인증으로 사회에 유익을 제공하는 혁신적이고 착한 기업에 부여한다)을 받았고 세계로 수출도 한다.

또한 지역주민과 계약 재배한 식물을 원료로 사용하므로 그들의 삶도 여기에 포함된다. 제품 유통에 참여하는 사업자에게도 삶을 업그레이드할 기회를 제공해 미래의 희망과 꿈을 안겨주고 있다. 그뿐 아니라 해마다 가수 인순이가 운영하는 다문화 대안학교인 해밀학교에 수익의 일부를 기부해 그들에게 삶의 평안을 주고 있다. 2018년 12월에는 사랑의 열매 사회복지공동모금회에 1억을 기부해 '아너 소사이어티' 2,000번째 회원이 되기도 했다.

결국 케어셀라는 소비만 해도 기부가 이뤄져 다른 이들에게 꿈과 희망을 전해주는 가심비가 뛰어난 제품이다.

# 무독성

과연 화장품에 들어가는 독성은 어쩔 수 없는 걸까? 식약처가 규정한 양만큼 넣었으니 인체에 무해하고 화장품 보존을 위한 필요악이라는 해명은 진실일까? 물론 틀린 말은 아니다. 그러나 규정한 양만큼 넣었고 인체에 무해하더라도 100퍼센트 천연 성분으로 배합하는 것이 더 좋지 않을까? 이 경우 소비자가격이 부담스러울 정도로 올라갈 수 있다.

사실 아직까지는 이 모든 것을 충족시킬 만큼 대중성 있는 제품이 현저히 부족한 실정이다. 그럼 이 문제를 좀 더 살펴보기 전에 다음 내용에 스스로 답해보기 바란다.

1. 즐겨 먹는 방울토마토를 구입하면서 농약을 친 횟수를 고려할 때 당신은 다음 중 어느 것을 선택하겠는가?
   ① 1~2번  ② 10번  ③ 아주 많이  ④ 무농약

2. 가격을 확인한 뒤 다음 중 어느 것을 선택하겠는가?
   ① 조금 비싼 것  ② 조금 싼 것  ③ 많이 싼 것  ④ 매우 비싼 것

3. 만약 농약을 전혀 사용하지 않았다면 다음 가격 중 어느 것을 선택하겠는가?
   ① 조금 비싼 것  ② 조금 싼 것  ③ 많이 싼 것  ④ 가장 싼 것

많은 사람이 화장품에 독성이 들어 있을지라도 그것이 한두 가지 정

도면 무시하거나 소홀히 한다. 입으로 들어가는 것이 아니라 피부에 바르는 것이고 지금까지 별 탈 없이 지내왔으니 문제없을 거라고 여기는 것이다. 하지만 의학박사이자 미국 암 예방협회 의장인 새뮤얼 S. 엡스타인Samuel S. Epstein은 이런 생각에 경고를 보낸다.

"암을 100퍼센트로 봤을 때 흡연으로 암이 생기는 경우는 25퍼센트에 불과합니다. 나머지 75퍼센트는 우리가 흔히 접하는 화장품이나 목욕용품 사용과 오염된 작업장이 유발합니다. 이는 인체에 해를 끼치는 석유계 화학물질입니다."

미국 암 예방협회 의장
의학박사 사무엘 S. 엡스틴
MD. Samuel S. Epstein

바디용품과 세안제 등도 무섭지만
가장 무서운 것은 샴푸와 린스 그리고 선크림이다!
치약은 바퀴벌레를 죽이는 강력한 세제다!

전 세계 사망원인 1위를 차지하는 암에서 벗어나 건강하게 살아가려면 제대로 알아야 한다고 주장하는 엡스타인은 1978년 《암 정책 The Politics of Cancer》을 출간해 미국의 법을 개정하도록 이끈 인물로 유명하다. 또한 그는 미국 시카고 일리노이대학교 메디컬센터 공중보건과 환경의학 교수로 지내며 40여 년간 발암물질을 연구한 발암물질계의 권위자다.

특히 엡스타인은 《암 정책》에서 국민을 암으로부터 보호해야 할 국립암연구소NCI와 미국암협회ACS의 무책임을 폭로해 미국 사회에 큰 반향을 불러일으켰다. 그렇지만 그의 양심적인 발표에도 불구하고 암의 폐해는 갈수록 늘어났고 더 많은 발암물질이 등장해 일상생활 깊숙이 파고들었다.

10년이 지난 1998년 엡스타인은 《암 정책》 개정판을 출간해 암의 위험성을 재차 경고했다. 처음과 달리 그는 발암물질 정보가 너무 부족하다는 사실을 깨닫고 화장품과 세정용품에 들어가는 발암 성분을 일일이 알기 쉽게 풀이해주었다.

우리는 보통 서서 샤워를 하면서 세정제를 사용한다. 그런데 화장품보다 독성 성분이 더 많고 위험성도 있는 제품은 바로 샴푸와 린스다.

독성 성분이 든 샴푸와 린스를 사용할 경우 머리부터 몸을 타고 흘러내려 항문과 생식기 쪽으로 가장 많이 모인다. 이때 일반 피부보다 얇고 점막세포로 구성된 항문과 생식기는 흡수율이 빠르기 때문에 더 크게 자극을 받는다. 생식기는 일반 피부보다 흡수율이 42배 높으니 100퍼센트 흡수된다고 봐야 한다.

이런 이유로 여성 생식기질환인 자궁경부암, 자궁내막염, 생리불순 질환이 빈번하고 이들 질환이 암 순위에서 상위를 차지하는 것이다.

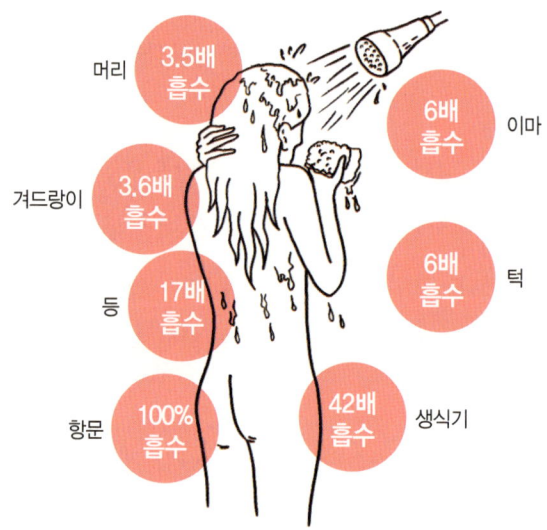

샤워할 때 독성 세정제가 머리에서 몸을 타고 내려와
항문과 생식기로 모이면서 몸으로 흡수된다.

 여성 스스로 자기 몸과 건강을 지키려면 무독성 제품을 선택하고 독성 제품은 사회에서 퇴출시키기 위해서라도 소비를 금해야 한다. 이는 자기 자신뿐 아니라 가족의 건강과 직결된 문제다.

## EWG, 친환경 안전 성분 등급

케어셀라는 안전한 0~2 등급이다.

EWGEnvironmental Working Group는 1993년 켄 쿡Ken Cook과 리처드 와일스Richard Wiles가 미국 워싱턴에 설립한 비영리 환경 시민단체다. 현재 EWG 주관으로 화장품 성분을 평가해 화장품 수치와 점수를 매긴 데이터베이스를 구축하면서 많은 회사가 EWG에서 지정한 안전한 성분을 사용하는 사례가 늘어나고 있다. 일부 전문가의 반대 주장도 있으나 이들은 어느 누구도 시도하지 않은 일을 추진해 소비자의 큰 호응을 얻고 있다.

케어셀라는 대부분 EWG가 내세우는 0~2등급의 안전한 성분을 사용한다. 제너럴바이오(주)는 전 세계에서 90퍼센트 이상의 제품에 안전한 성분을 사용해 무독성 친환경 제품을 공급하는 유일한 회사에 속한다.

## 더마테스트, 화장품을 해석하다

독일의 더마테스트에서 최고 등급인 엑설런트Excellent를 받았다.

**더마테스트 Dermatest**
독일의 피부과학테스트 기관
피부무자극인증시험

**더마테스트의 테스트 진행 방법**
1. 워킹데이 3주간 임상 할 대상자 모집
2. 희석화 되지 않은 제품 제공
3. 시료
   ① 시료양 300ml or 10개 패키지(300ml 이상 되도록)
   ② 전성분 리스트 문서 제출
   ③ 통상적으로 임상 패널의 팔 피부 부위에 적용
4. 테스트 완료 후 인증마크 사용 가능

의약품으로 널리 알려진 독일의 더마테스트 피부전문과학연구소에서는 동물이 아닌 인체를 대상으로 제품을 임상한다. 인체 피부에 직접 안전성 여부를 가리는 실험을 진행해 등급을 매긴 뒤 인증서를 제공하는 것이다. 그중 최고 등급은 엑설런트이며 더마테스트 인증서를 획득할 경우 안심하고 사용할 수 있는 제품으로 인정받아 효용성이 높아진다.

케어셀라의 많은 제품이 더마테스트를 거쳐 엑설런트 등급을 받았다. 특히 민감한 아기용 제품은 신중하게 선택할 필요가 있으므로 더마테스트 인증을 받아 입에 들어가도 안심할 수 있는 제품인지 꼼꼼히 확인해야 한다.

## 화해, 화장품을 말하다

과거에는 제조업체가 천연화장품이라고 하면 그저 믿는 수밖에 다른 도리가 없었다. 별다른 의심 없이 으레 그럴 거라고 믿으며 사용하던 시절이 불과 몇 년 전의 일이다. 특히 네트워크 마케팅 회사 제품은 일반 제품보다 성분이나 제조시설이 좋다는 말을 믿고 그대로 사용했다.

그러나 화장품 성분을 확인해주는 앱 '화해'가 등장하면서 사람들은 그런 말을 그대로 믿어서는 안 된다는 것을 인식하기 시작했다.

핸드폰에서 화해 어플을 검색하여 설치한다.

화해를 통해 화장품의 성분을 확인하여
제품은 선택하고 사용한다.

화해를 사용하면 천연이라고 광고하는 제품에 최소 한두 가지, 심지어 5~10가지의 독성물질이 들어 있음을 직접 확인할 수 있다. 각 성분을 자세히 살펴보면 이들 성분이 간, 신장 등에 문제를 일으키고 알레르기와 민감성 피부의 원인이라고 나온다.

최근 소비자는 화장품 매장에서 제품명을 보고 앱 '화해'에서 독성 물질 여부를 확인한 뒤 제품을 구매하는 경향이 강해지고 있다. 이제 남의 말을 믿는 것이 아니라 직접 확인하고 구매하는 시대가 열렸다. 앞으로 이러한 앱이 계속 등장해 화장품 선택의 다양한 기준을 만들어낼 것으로 보인다.

더러는 화장품 판매처에서 앱 화해의 신빙성을 낮추거나 흠집을 내는 경우도 있지만 이는 소비자 만족을 거스르는 행위이므로 지양해야 한다. 오히려 많은 화장품 회사와 판매처가 제품 안전성을 위해 독성 물질을 뺀 제품을 다양하게 생산하고 유통함으로써 소비자 건강에 도움을 주도록 앞장서야 한다.

화해는?
① 700만 명이 사용하는 1등 화장품 플랫폼 앱
② 일일 접속 인원 380만 명의 실제 사용자 리뷰
③ 12만 개 제품의 화장품 성분 확인
④ 전 성분 설명, 20가지 주의할 성분, 알레르기 주의 성분, 피부 타입별 특이 성분, 기능성 성분 공개
⑤ 이번 주 인기 화장품 랭킹 발표
⑥ 전문 에디터의 뷰티 콘텐츠
⑦ 유용한 피부 관리 상식 제공

## 화해로 케어셀라 확인하기

화해앱을 열어 케어셀라 전 제품의
성분을 확인할 수 있다.

화해앱에서 '케어셀라' 브랜드명을 검색한다.
전체 68개의 제품을 확인할 수 있다.

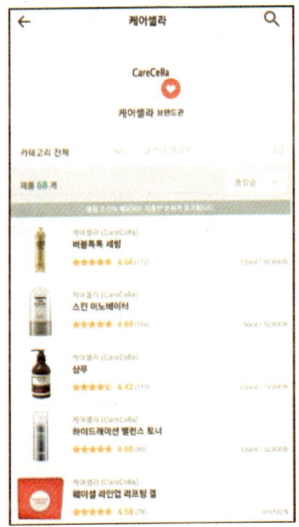 

케어셀라도 화해에서 전 성분을 확인하는 것은 물론 그 성분이 얼마나 깨끗하고 안전한지 알아볼 수 있다. 화해에 있는 제품 중에서 케어셀라 제품이 가장 안선한지 확인해보자.

45

## 기초 라인 확인하기 🔍

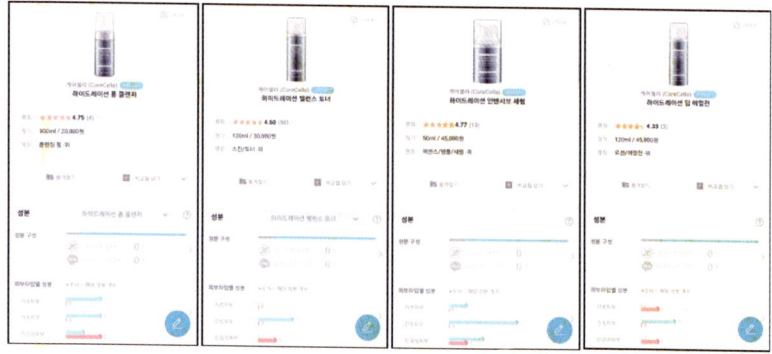

기초 라인은 케어셀라의 핵심으로 모든 피부에 알맞게 설계해 가장 사랑받는 제품이다.

## 모발과 바디 라인 확인하기 🔍

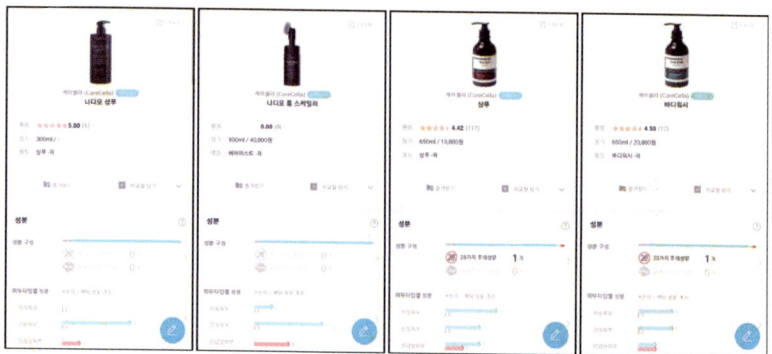

기능성 모발 라인에서 일반 샴푸와 바디워시의 주의 성분은 향료인데 이는 천연향료이므로 안전하다.

## 기능성 라인 확인하기

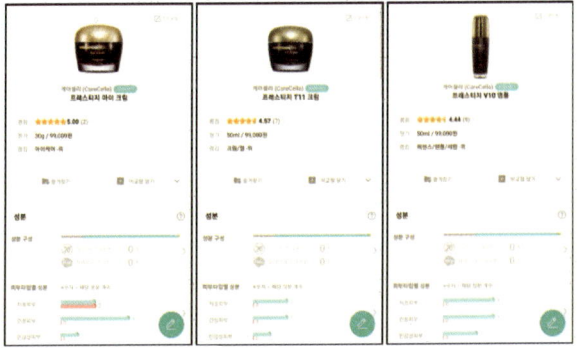

기능성 라인은 주요 성분과 특수 성분을 배합해 미백, 주름, 세포재생에 초점을 두고 구성한다.

## 유아용 라인 확인하기

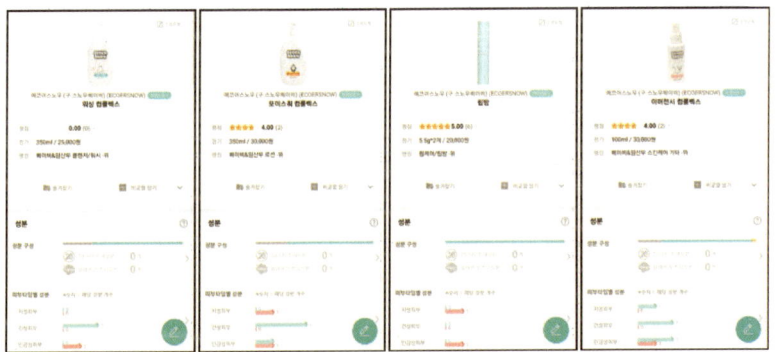

유아용 라인은 별도의 브랜드명 '에코어스노우'로 검색해 찾아본다.

## 기타 제품 확인하기

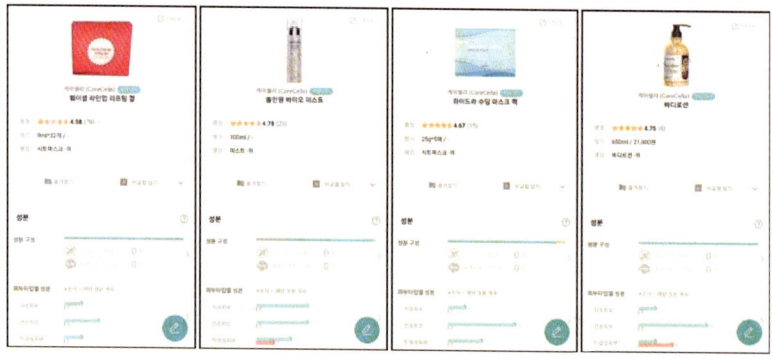

그 밖에 필링제부터 마스크, 미스트까지 다양한 제품의 성분을 확인할 수 있다.


## 천연 헤나 라인 확인하기

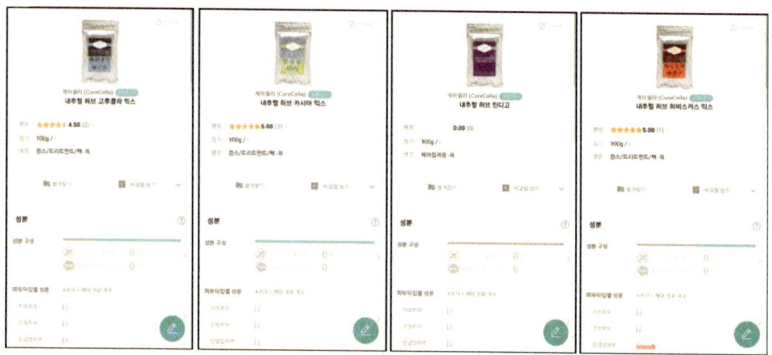

인도에 헤나 공장을 갖춘 케어셀라는 천연 100퍼센트의 헤나 제품을 공급하고 있다.

# 필(必) 환경

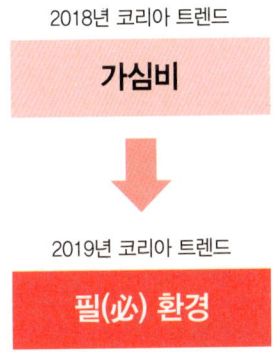

해마다 김난도 교수를 비롯한 여러 전문가가 한국인의 소비심리 방향과 요구를 대변하는 내용을 담은 책《트렌드 코리아》를 출간한다.

2018년 소비의 중심은 '가심비'였고 이를 충족해준 케어셀라는 네트워크 마케팅 역사상 최고의 성장 기록을 갈아치웠다. 2019년의 핵심 내용은 '필必 환경'으로 이는 반드시 환경적이어야만 살아남을 수 있음을 의미한다. 소비자가 원하는 추세에 맞춰 제품을 생산해야 사랑받고 시장에서 성공할 수 있다는 얘기다.

케어셀라는 모든 제품을 필(必) 환경에 맞춰 생산함으로써 소비자 욕구를 충족해주고 있다. 사실 트렌드를 이끄는 주역은 트렌드에 앞서 미리 준비하는 기업이다.

우리는 매일 생산과 소비를 반복하며 살아간다. 즉, 우리는 매일 소비하고 그 소비를 위해 생산적인 일을 한다. 한마디로 소비 없는 삶은 존재하지 않는다. 과거 생산에 집중하던 시절에는 소비 개념이 희박

했고 제품이 환경과 인체에 어떤 영향을 미치는가에 크게 관심을 기울이지 않았다.

이제 우리는 소비가 환경을 얼마나 망가뜨리고 문제를 일으키는지 알아채기 시작했다. 일부에서 지속적으로 경고했음에도 불구하고 귀를 막고 오로지 생산에만 집중한 결과 인체 건강에 악영향을 끼쳐 많은 사람이 고통받고 있음을 알게 된 것이다.

다행히 지금은 많은 사람이 소비에 관심을 기울이면서 내가 쓰는 제품이 환경에 문제를 일으키지 않는지 따져보는 경향이 강하다. 즉, 우리는 환경적인 제품을 넘어 점점 필(必) 환경 쪽으로 넘어가는 전환기에서 있다.

화장의 끝자락인 세안을 하면 그것은 고스란히 하수구로 흘러가고 이어 강물로 유입되어 물고기의 몸속으로 들어간다. 우리는 그 물을 마시고 또 물고기를 식탁에 올린다. 우리의 소비는 결국 식탁이라는 결과에 도달하는 셈이다.

이것은 인간만의 문제가 아니라 함께 살아가는 지구 전체의 생명과도 직결된 심각한 문제다. 우리의 소비가 누군가에게 고통과 피해를 안겨준다면 과연 그 소비는 얼마만큼 양심적인 소비라고 할 수 있을까? 이제라도 책임감을 갖고 지구촌 생명체가 함께 건강할 수 있는 필(必) 환경 제품을 찾아서 소비해야 한다.

> 고기능성 원료를 사용하는 케어셀라는 피부 타입별
> 라인을 갖추고 다양한 제품군을 생산하고 있다.
> 또한 여러 피부 타입에 맞춰 사용법을 다양하게
> 마련했기 때문에 같은 제품이라도 기법을 달리해
> 효능을 극대화할 수 있다.
> 이것은 케어셀라의 커다란 장점이다.

# 02

## 피부 타입별 케어셀라 제품 구성과 사용법

| 리프팅(주름) 라인 | 미백(기미) 라인 | 여드름 라인
| 아토피(건선) 라인 | 모공 축소와 블랙헤드 라인 | 예민 라인

# 리프팅(주름) 라인

주름Wrinkle은 진피 속을 채우고 있는 히알루론산, 콜라겐, 엘라스틴 같은 단백질의 소실·퇴화·위축으로 탄력이 떨어져 느슨해진 상태를 말한다. 이 경우 피부가 접히고 건강미를 잃어버린다. 생리적으로는 남성 24세, 여성 22세 이후부터 자연스럽게 노화가 진행되지만 최근에는 자외선이나 스트레스가 피부 노화를 촉진하는 주요 요인으로 작용하고 있다.

진피는 크게 세 가지 물질로 구성되어 있다.

첫째, 교원섬유Collagen Fiber다. 이것은 교원질, 콜라겐섬유라고도 부르며 진피 성분의 90퍼센트를 차지한다. 백색을 띠고 있어 백섬유라고도 하는데 진피뿐 아니라 인체 전반에서 확인할 수 있는 성분이다. 그 자체로는 탄력이 적지만 탄력섬유와 함께 피부의 장력을 강화하는 데 크게 기여한다. 교원섬유 부족은 탄력 감소와 주름 형성의 원인이다.

둘째, 탄력섬유Elastin Fiber다. 우리가 흔히 듣는 엘라스틴이 여기에 해당하며 황색을 띠고 있어 황섬유라고도 불린다. 피부가 1.5배까지 늘어나게 하거나 콜라겐을 단단히 묶는 탄력섬유는 피부의 탄력과 탄성을 책임진다.

셋째, 기질Ground Substance이다. 대표적으로 히알루론산이 있으며 콘드로이친황산, 헤파린황산염과 함께 진피 내의 섬유 성분과 세포 사이를 채우고 있는 물질이다. 친수성 다당체로 자체 무게의 1,000배까지 수분을 흡수할 수 있어 피부 수분으로 결합, 합성 역할을 한다.

## 리프팅 라인의 특징

피부 주름의 주요 원인은 인상 찌푸리기, 수분 부족, 두피 처짐 등이 있다. 생활습관에서 오는 굵은 주름은 물리적으로 펴야 하고 수분 부족에 따른 대부분의 잔주름은 물 섭취량을 늘려야 한다. 얼굴보다 머리의 모공 수가 훨씬 더 많으므로 두피 관리도 주름 관리의 일부분에 속한다.

25세를 전후로 콜라겐의 체내 합성이 줄어든다는 점을 감안해 필수적으로 콜라겐식품을 섭취해야 한다. 하루 두 번 N콜라겐을 섭취하고 매시간 물 한 컵 마시기를 습관화하면서 피부를 관리해야 기대보다 좋은 결과를 얻는다.

① 아침에는 토너를 2~3회 덧바르고 세럼, 에멀전을 바른다.
② 물을 마실 때마다 바이오미스트도 함께 사용한다.
③ 저녁에 관리할 때는 두피스케일링과 함께 스칼프토너로 두피에도 수분을 공급하고 두피열을 내려 모근을 튼튼하게 해준다.
④ 바이오K와 버블톡톡을 사용한다.
⑤ 마무리 크림으로 엣지크림과 프레스티지크림을 교대로 사용한다.

4일에 한 번씩 리프팅겔과 스파클링팩을 시술한다. 리프팅겔 사용 시 핸들링 기법을 8회씩 3세트 정도 반복해 물리적으로 주름을 펴준다. 매직캡슐은 2, 3번은 같이 사용할 수 없으므로 1, 3, 4번으로 이틀에 한 번씩 관리한다. 매직캡슐을 리프팅 마사지 용도로 사용하면 독소가 배출되므로 스프링크림은 꼭 씻어내고 케어해야 한다.

### ▶ 제품군 사용 순서

AM
① 샴푸　　② 폼클렌저　　③ 토너 2
④ 세럼 1　　⑤ 에멀전 2　　⑥ 데이크림
⑦ 바이오미스트

PM
① 샴푸　　② 나디모폼스케일러　③ 엔자임파우더
④ 스프링크림　　⑤ 매직캡슐　　⑥ 폼클렌저
⑦ 버블톡톡세럼　⑧ 바이오K
⑨ 엣지크림 또는 프레스티지아이크림　⑩ 스칼프토닉

※ 엣지크림과 프레스티지크림 교대로 사용

## 시술 방법

※ 4일에 한 번씩 한다.

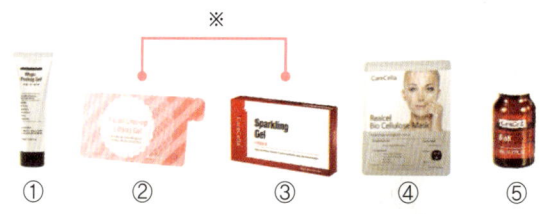

※ 리프팅겔과 스파클링팩F는 교대로 사용

① 매직필링젤 : 적당량을 얼굴에 도포하고 2~3분후 문질러주면 부드럽게 각질이 제거되고 더이상 나오지 않으면 미지근한 물로 세안한다.
② 리프팅겔 : 팩붓을 사용하여 펴 바른후 건조되면 물로 러빙한다. 이때 핸들링 기법을 8회씩 3세트 반복한다.
③ 바이오k : 에어스프레이에 바이오K 1/3병을 넣어 분사한다.

에어스프레이 + 바이오K 1병

④ 스파클링팩F : 겔 파우치 한 개(30그램)를 개봉해 얼굴 전체에 골고루 도포한 후 시트 F를 도포한 겔에 뜨는 곳이 없도록 사용 중간 중간에 꾹꾹 눌러 잘 밀착시킨다. 15~20분 경과 후 떼어내고 미온수로 깨끗이 씻어낸다.
⑤ 셀룰로오스팩 : 얼굴에 잘 밀착하도록 붙이고 약 20분 후 마스크를 제거한다. 남아 있는 내용물은 가볍게 두드려 흡수시킨다.

⑥ 매직캡슐 : 1, 3, 4 램프순으로 이틀에 한 번씩 관리한다. 매직캡슐을 리프팅 마사지 용도로 사용하면 독소가 배출되므로 스프링크림은 꼭 씻어내고 케어해야 한다.

※ 매직캡슐과 스크링크림은 주 3회 사용을 권장한다.

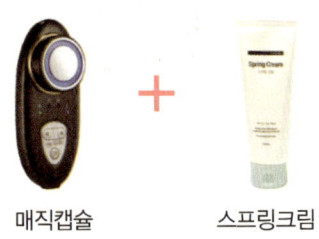

매직캡슐           스프링크림

| 1램프 RF | 온열 관리 모드<br>- 고주파 열: 피부 순환을 도움 |
| --- | --- |
| 3램프 MC | 리프팅<br>- 미세전류: 리프팅에 도움 |
| 4램프 CT | 레드(활성화)<br>- 활성화 및 진정에 도움 |

● 참고 및 주의 사항

① 리프팅겔을 지울 때 핸들링 마사지를 많이 해줄수록 얼굴에 광이 나고 주름이 펴진다.
② 리프팅겔 사용 시 건조한 피부는 주 1회만 사용한다.
③ 심한 주름도 주 2~3회를 넘기면 자극이 올 수 있다.

## ✅ 리프팅겔 사용 방법

**1**

볼: 삼등분하여 아래에서 위쪽 방향으로 나선형으로 부드럽게 돌리며 마사지한다.

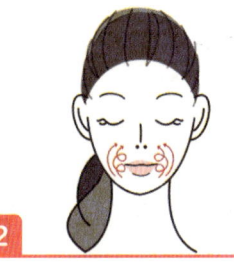

**2**

입가: 입 주변을 둥글리며 입가를 끌어올리듯 마사지한다.

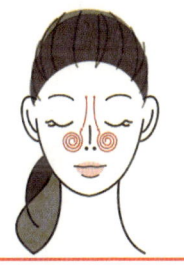

**3**

코: 아래에서 위쪽 방향으로 부드럽게 쓸어 올리며 마사지한다.

**4**

눈가: 눈 주변을 둥그렇게 돌려주며 안에서 바깥쪽 방향으로 마사지한다 (눈두덩이 제외).

**5**

이마: 상하 두 부분으로 나누어 안에서 바깥쪽 방향으로 나선형으로 마사지한다.

### 🅱 도움을 주는 식품

N콜라겐, 수소수 3리터

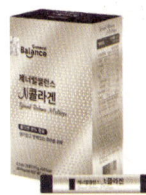

**N콜라겐** ....................................................

1,000Da 이하의 저분자 콜라겐, 비타민 C, 비타민 B6, 히알루론산이 들어 있어 피부 진피에 도움을 준다.

**수소수 3리터** ..............................................

진피의 탄력을 유지하려면 필요 이상의 수분을 보충해야 한다. 이를 위해 인체 흡수율이 좋고 대사를 원활하게 해주는 수소수를 하루 3리터 이상 마시는 것이 좋다.

또한 진피의 단백질 합성 시 단백질 고유의 질소N가 많은 부산물을 만들어 유해산소의 원인이 되는데, 수소수가 이를 빨리 배출해준다.

# 미백(기미) 라인

기미Melasma는 표피와 진피의 경계 사이에 존재하는 멜라닌세포Melanocyte가 여러 요인으로 인해 피부 밖으로 나오면서 발생하는 피부질환의 일종이다. 멜라닌세포는 티로시나제Tyrosinase, TRP1, TRP2 이 세 가지 효소의 작용으로 멜라닌을 분비해 강한 자외선으로부터 몸을 보호한다. 또 체온조절에 관여해 진피 속과 표피의 온도를 내려서 차갑게 해주는 고마운 세포다. 멜라닌 분비는 인종에 따라 사람의 피부색을 결정짓는 역할도 한다.

하지만 지속적인 자외선이나 스트레스는 몸의 과열을 불러와 멜라닌 색소 분비를 촉진한다. 이 둘은 모두 몸을 덥게 만들기 때문에 인체는 몸을 보호하고자 시원하게 해주는 멜라닌 색소를 과잉 분비한다. 이때 기저층에서 멜라닌 색소가 밀려나와 눈 밑, 이마, 광대뼈 부위, 볼에 짙은 갈색의 색소 침착 현상인 기미가 발생한다.

여성호르몬 에스트로겐과 프로게스테론도 밀접한 연관성이 있는데 특히 경구피임약을 복용할 때나 임신 중에 기미가 발생하기도 한다. 갑상선기능저하도 기미의 원인이다. 이들은 모두 몸을 흥분시키거나 열을 촉진하는 것과 연관성이 있어서 기미가 발생한다. 기미를 가라앉히는 데는 평소 자외선이나 스트레스를 피하고 몸을 시원하게 해주는 것이 최상의 방법이다.

### 📑 미백(기미) 라인의 특징

　기미는 자외선 자극으로 멜라닌 색소 세포가 피부 표면에 집중 축적될 때나 호르몬과 건조함이 멜라닌 생성을 촉진할 때 발생한다. 따라서 미백과 수분 케어를 동시에 하고 깊게 스며들도록 가벼운 제형으로 피부 속까지 채워주는 것이 좋다. 여기에다 자외선을 차단하는 것이 중요하며 비타민과 콜라겐을 충분히 공급해야 한다.

① 입자가 가장 작고 고영양인 바이오K를 화장 전후로 사용해 수분감을 극대화한다.
② 저녁에 관리할 때는 기미와 주름에 효과적인 프레스티지 라인을 사용한다.
③ 비너스필은 주 1회 사용하되 시간은 10~15분을 넘기지 않는다.
④ 기미가 있어도 표피가 건강한 피부는 8주 연속 사용한다.
⑤ 예민한 타입은 4주 시술 후 4주 휴지기를 보낸다.
⑥ 비너스필 사용 후 셀룰로오스팩으로 충분히 영양을 주고 프레스티지앰플을 여러 번 발라 마무리하면 기미 관리에 효과적이다.

## ▶ 제품군 사용 순서

**AM**
① 폼클렌저　② 바이오K　③ 에멀전
④ 톤업크림　⑤ 데이크림　⑥ 벨벳비비크림
⑦ 에어쿠션　⑧ 바이오 K(화장 후)

**PM**
① 클렌징오일　② 엔자임파우더　③ 바이오K
④ 프레스티지V10앰플　⑤ 프레스티지T11크림
⑥ 스킨이노베이터

## 시술 방법

※ 주 1회만 한다.

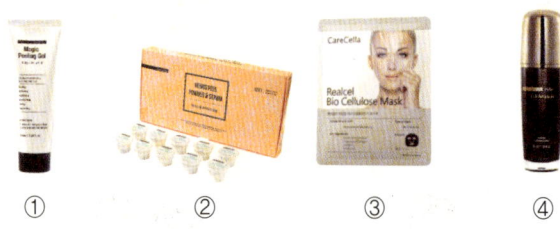

① ② ③ ④

① 매직필링젤 : 적당량을 얼굴에 도포하고 2~3분후 문질러주면 부드럽게 각질이 제거되고 더이상 나오지 않으면 미지근한 물로 세안한다.

② 비너스필 : 파우더캡슐 1/2에 세럼 10회를 펌핑해서 섞어준 후 눈과입을 제외한 얼굴 전체를 바르고 1~2분 가볍게 문질러 꼭꼭 눌러주고 10분후 세안한다.

③ 셀룰로오스팩 : 얼굴에 잘 밀착하도록 붙인다. 약 20분 후 마스크를 제거하고 남아 있는 내용물은 가볍게 두드려 흡수시킨다.

④ 프레스티지V10앰플 : 적당량을 얼굴에 펴 바른다. 아침(낮)에 사용할 때는 자외선 차단제를 꼭 사용한다.

## 🅱 도움을 주는 식품

N콜라겐, 메가비타민, 수소수 3리터

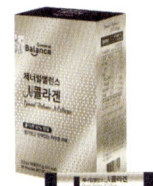

### N콜라겐

진피가 건강해야 표피층에서 만들어지는 멜라닌 색소를 억제할 수 있다. N콜라겐은 진피에 필요한 성분으로 필요한 단백질을 공급한다.

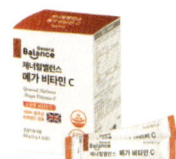

### 메가비타민

피부 항산화에 필요한 비타민 C는 피부 진정과 대사촉진으로 멜라닌 색소의 자극을 억제하는 기능을 한다. 영국산DSM 비타민 C를 원료(100퍼센트)로 사용해 만든 것으로 하루 2,000밀리그램을 공급한다. 덕분에 지친 피부에 활력을 불어넣고 진피의 결합조직 형성과 기능 유지에 도움을 준다.

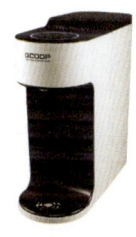

### 수소수 3리터

기미의 원인인 멜라닌 색소는 진피의 열을 받아 표피 멜라닌 색소가 멜라닌을 과잉 분비해서 발생한다. 이 멜라닌 색소의 분비를 조절하고 억제하는 데 충분한 수분 보충만큼 효과적인 것은 없다. 하루 3리터 이상의 수소수 보충은 멜라닌 색소의 과잉 생성을 최소화하는 데 도움을 준다.

# 여드름 라인

주로 사춘기에 시작되어 '사춘기의 꽃'이라 일컫는 여드름Acne은 흔히 성인이 되는 과정이라고 말하지만 사실은 얼굴, 목, 가슴, 등, 어깨 등의 상체에 발생하는 염증성 피부질환에 속한다. 대략 남자 15~19세와 여자 14~16세에 흔하게 발생하며 80퍼센트 정도는 20세 중반까지 사라지지만, 성인이 되어서도 여드름이 지속되면 영구적인 상처를 남기기도 한다.

여드름은 피부의 피지선이 분비하는 피지가 과도해 제대로 배출되지 못하고 서로 엉키면서 모낭 구멍을 막는 바람에 시작된다. 시간이 흐르면 그 자리에서 심한 냄새가 나고 뾰루지나 깊은 종기가 발생한다. 이것이 여드름의 기본 병변인 면포Comedone(모낭 속에 고여 딱딱해진 피지)로 홍반, 부종, 고름을 유발한다.

아직까지 정확한 원인은 밝혀지지 않았지만 남성호르몬 테스토스테론의 영향을 지목하고 있다. 체온이 $1°C$ 상승하면 피지 분비가 10퍼센트씩 증가하는 탓에 자율신경계 과민 반응으로 보기도 한다. 결국 필요 이상의 체온 상승이나 흥분, 긴장, 스트레스는 여드름을 부채질하므로 정신적 안정이 필요하다.

식습관도 여드름을 자극하는 원인일 수 있으므로 약물, 기름진 음식, 흡연을 삼가고 충분한 수분 섭취로 지방 대사를 도와야 한다.

## 📋 여드름 라인의 특징

여드름의 원인은 크게 피지 분비 과다와 모공 폐쇄 이 두 가지로 나뉜다. 여드름 악화 요인으로는 스트레스, 술, 호르몬, 수면 부족, 화장품 등을 꼽을 수 있다.

여드름을 없애려면 먼저 악화 요인을 최대한 제거하고 피부 스케일링으로 죽은 각질을 걷어내야 한다. 이어 곪은 부분을 압출해 염증을 가라앉힌다. 여드름을 관리하면서 피를 맑게 하고 해독을 해주는 효소와 노폐물을 빼주는 프로바이오틱스를 섭취하면 큰 도움을 받는다.

① 항염 성분이 가장 높은 유황비누로 가볍게 한 번 세안하고 다시 3분 이상 핸들링으로 이중 세안을 한다.
② 두피의 균도 얼굴에 영향을 주므로 유황비누로 두피스케일링을 한다.
③ 기초화장품 중 에멀전을 빼고 사해소금을 함유한 아쿠아크림을 사용하면 수분 공급과 염증 진정에 좋다.
④ 외출할 때는 데이크림으로 자외선을 차단해 흉터가 생기는 것을 방지한다.
⑤ 시술 관리는 주 1회 비너스필을 8~10회 연달아 진행하되 곪은 부분은 압출 후 관리한다. 이어 냉장고의 수딩마스크팩으로 피부열을 내리면서 수분을 공급해준다.
⑥ 10회 시술 후에는 피부 상태에 따라 한 달에서 6주 정도 휴지기를 보낸다.

## ▶ 제품군 사용 순서

AM

① 유황비누　② 나디모샴푸　③ 토너 2
④ 세럼　　　⑤ 아쿠아크림　⑥ 데이크림

① ② ③ ④ ⑤ ⑥

PM

① 폼클렌저　② 유황비누　③ 나디모폼스케일러
④ 토너 2　　⑤ 세럼　　　⑥ 아쿠아크림
⑦ 스킨이노베이터

① ② ③ ④ ⑤ ⑥ ⑦

## 🖊 시술 방법

※ 주 1회 시술한다.

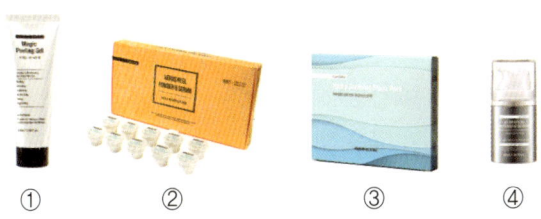

① ② ③ ④

① 매직필링젤 : 적당량을 얼굴에 도포하고 2~3분후 문질러주면 부드럽게 각질이 제거되고 더이상 나오지 않으면 미지근한 물로 세안한다. 여드름은 세안후 압출한다.

② 비너스필 : 파우더캡슐 1/2에 세럼 10회를 펌핑해서 섞어준 후 눈과입을 제외한 얼굴 전체를 바르고 1~2분 가볍게 문질러 꼭꼭 눌러주고 10분후 세안한다.

③ 수딩마스크팩 20분 : 수딩마스크팩을 꺼내 얼굴 전면에 골고루 밀착한 뒤 20분 적용한다. 그 후 마스크팩을 떼어내고 남아 있는 내용물을 가볍게 두드려 흡수시킨다.

④ 하이드레이션세럼 5회 덧바르기 : 적당량을 손등에 펌핑한 후 얼굴에 마사지하듯 골고루 펴 바른다.

## ⊘ 참고 및 주의 사항

① 비너스필은 주 1회씩 8~10회를 연이어 진행한다.
② 여드름으로 곪은 부분은 압출 후 비너스필을 한다.
③ 수딩마스크팩은 냉장고에 넣었다가 차갑게 해서 사용한다.
④ 피부 상태에 따라 한 달에서 6주 정도의 휴지기를 보낸다.

## 🔴 도움을 주는 식품

복합효소, 프로바이오틱스, 수소수 7잔

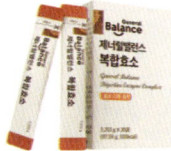

### 복합효소

복합효소에 들어 있는 곡물효소 15종과 효소혼합분말 12종은 장내세균 균형을 맞춰준다. 특히 지방을 분해하는 리파아제 효소가 들어 있어 피지 과잉 분비의 원인인 여드름에 도움을 준다. 여드름을 관리하면서 매일 꾸준히 섭취한다.

### 프로바이오틱스

여드름을 없애려면 먼저 장을 건강하고 깨끗하게 관리하면서 혈액을 맑게 해주어야 한다. 프로바이오틱스는 토종 유산균 30억 마리를 이중마이크로 캡슐로 단단히 포장해 장까지 살아서 가게 하는 것으로 세계특허를 받았다. 이 프로바이오틱스를 매일 섭취하면 여드름 개선과 발생을 현저히 줄일 수 있다.

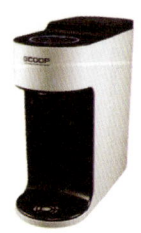

### 수소수 7잔

물은 체내에서 지방 이동을 제한적으로 막아 지방 축적과 과잉 생성·분비를 억제하는 역할을 한다. 여드름은 피지샘의 피지 양이 넘치면서 제대로 배설하지 못하고 뭉쳐서 발생하는 문제다. 이를 빨리 완화하거나 피지 양을 조절하고 제한하려면 수분을 충분히 보충해야 한다. 수소수를 매일 7잔 이상 마시면 여드름을 빨리 개선할 수 있다.

# 아토피(건선) 라인

대한민국 국민 1,000만 명 이상과 전 세계인의 약 20퍼센트가 겪는 피부질환 아토피Atopic Dermatitis는 그리스어로 '기묘하고 알 수 없다'는 의미다. 이름처럼 기묘해서 아토피는 한두 가지 요인이 아니라 최소 네 가지 이상의 여러 증상이 있을 때 아토피로 진단한다. 이것은 영·유아기부터 시작해 성인에 이르기까지 고통을 받는 대표적인 염증성 피부질환에 속한다.

최근에는 환경오염으로 대기 질이 나빠지면서 미세먼지가 불어오는 날이면 아토피 환자들이 초비상 상태에 놓이곤 한다.

아토피는 크게 몸 안의 독과 외부환경에 과잉 반응하는 면역반응으로 볼 수 있다. 어쨌거나 둘 다 면역 이상 현상이다. 면역이 정상적으로 방어하는 것이 아니라 가벼운 접촉에도 민감하게 반응하고 몸에 들어올까 봐 심한 공격성을 보이는 것이 아토피의 증상이다. 따라서 피부뿐 아니라 몸속까지 같이 돌보면서 관리해야 전체적으로 진정되고 호전을 보인다.

현재 아토피 치료는 국소 스테로이드를 가장 널리 사용하며 심할 경우 전신 스테로이드 제제를 복용한다. 이는 치료보다 면역을 조절해 잠시 흥분을 가라앉히는 용도이며 완치하려면 본인뿐 아니라 가족이 함께 노력해야 한다. 특히 케어셀라 같은 무독성 친환경 제품을 선택해서 사용해야 아토피 확산을 막고 가려움증을 완화할 수 있다.

### 아토피 라인의 특징

아토피의 원인에는 생활방식 서구화, 알레르기 항원 증가와 항원의 과도한 노출, 스트레스, 유전, 산모의 변비 등 여러 가지가 있다. 이러한 아토피는 근본적으로 보호막이 약해진 피부가 건조해지고 들뜨면서 염증반응을 일으키는 현상을 말한다.

이 원인만 차단하면 빠르게 좋아지며 어릴수록 개선 효과가 더 좋다. 반대로 오래될수록 체질도 함께 개선해야 호전된다. 만약 아토피로 오랫동안 병원 처방약을 사용했을 경우 농구공을 떨어뜨렸을 때 다시 튕겨 오르는 리바운드 효과처럼 아토피가 불거지는 현상으로 고통을 받는다. 특히 기능성 케어셀라를 사용할 때 더 심해져 불안감을 주기도 하지만 이 기간을 견디면 빨리 호전되므로 인내해야 한다.

① 피부 관리는 의외로 간단하다. 오전에는 에코어스노우 라인 워싱, 이머전시, 모이스처컴플렉스를 사용한다.
② 특히 사해소금을 함유한 핸드크림을 발라주면 보습과 염증 방어 기능을 한다.
③ 저녁에는 유황비누로 씻되 만약 너무 따가우면 비누 한 개를 입욕제로 전부 물에 풀어 유황온천욕을 한다.
④ 기초케어를 한 후에는 스킨이노베이터를 수면팩으로 사용한다.
⑤ 오랜 연고 사용으로 진물이 나올 경우 한 달 정도는 수면팩을 하지 않고 30분에서 1시간 정도 적용한 뒤 물로 지운다.

## ▶ 제품군 사용 순서

**AM**
① 에코어스노우 워싱컴플렉스  ② 에코어스노우 이머전시
③ 모이스처컴플렉스  ④ 핸드크림

① ② ③ ④

**PM**
① 유황비누  ② 에코어스노우 이머전시
③ 모이스처컴플렉스  ④ 스킨이노베이터

① ② ③ ④

## ⊘ 참고 및 주의 사항

① 아토피는 민감하므로 별도의 시술은 하지 않는다.
② 유황비누 한 개와 사해소금 세 숟가락을 욕조에 풀고 20분 정도 입욕한 뒤 헹군다.

## 🅾 도움을 주는 식품

프로바이오틱스, 씨포뮬라, CK(어린이는 제외)

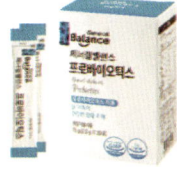

### 프로바이오틱스

아토피는 면역 과잉 반응으로 발생하는 자가면역질환이다. 프로바이오틱스로 장 면역을 높이면 과잉 반응을 자제한다. 또 장의 독소를 빼낼 경우 장의 온도가 내려간다.

### 씨포뮬라

씨포뮬라는 15종류의 곡류와 해조분말, 감태추출물, 후코이단이 들어 있는 항산화식품이다. 면역에 먹이를 공급하고 산성화한 몸을 알칼리화하며 독소를 중화하는 영양소가 풍부하다.

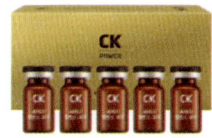

### CK

아토피는 몸 안에서 연소가 잘 이뤄지지 않아 필요 이상으로 염증이 늘어난 질병이다. 이 염증을 제거하고 배출하는 일과 면역을 강화해 보호하는 데 사포닌의 최종 대사물질인 컴파운드케이CK만 한 것도 없다. 평균 25퍼센트 이상 흡수되지 않는 사포닌에 비해 CK는 100퍼센트 흡수되어 면역의 길라잡이 역할을 한다.

## 모공 축소와 블랙헤드 라인

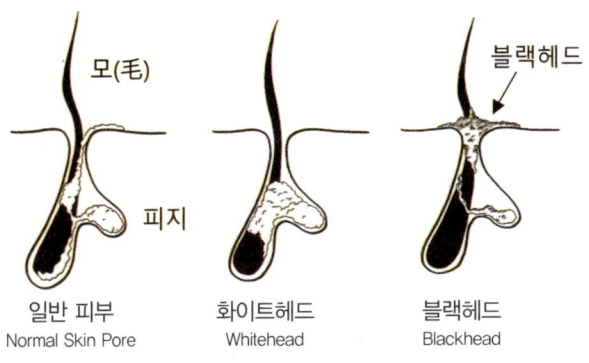

블랙헤드Black Head는 일명 개기름이라 불리는 피지가 쌓인 먼지와 함께 서로 엉겨 붙어 검은 덩어리가 된 것을 말한다. 대개는 코 주위에 많이 발생하며 검은색을 띠고 있어 피부색을 탁하게 만든다.

원래 피지는 피부를 보호하는 막을 형성하고 피부 탄력과 건조함을 막는 중요한 기능을 하는 물질이다. 그렇지만 과잉 분비되거나 깨끗하게 관리하지 않으면 모낭을 막고 모낭충의 서식지로 탈바꿈하는 경향이 있다. 심할 경우 땀구멍과 모공이 커지면서 피부 결이 나빠진다.

많은 여성이 블랙헤드를 사전에 없애기 위해 기름종이로 피지를 과도하게 제거해서 피부를 건조하게 만드는데, 이는 피부를 보호하는 피지까지 없애는 행동이다. 그러면 피부는 더 많은 피지를 분비하고 이것이 피부 건조로 이어져 더 나쁜 결과를 초래할 수 있다. 피지 제거는 너무 자주 하는 것보다 1주일에 1~2번 하는 것이 적당하다.

## 모공 축소와 블랙헤드 라인의 특징

블랙헤드는 얼굴과 코에 분비된 피지가 점차 굳어 산화하면서 생기는 현상으로 꽤 오랜 시간에 걸쳐 발생하는 여드름 병변 중 하나다. 이것을 강제로 짜거나 압출하면 세균 감염이 일어나 염증이 생길 수 있다. 이 경우 더 심한 블랙헤드 증세와 화농성 여드름으로 이어진다.

또한 블랙헤드는 피지가 원인이므로 피지 과다로 모공이 넓어지기 십상이다. 이럴 때 흔히 코피지 제거제를 사용하지만 이 또한 과하게 빼내는 방법이다. 그러면 뇌는 '내가 필요해서 만들어놨는데 갑자기 몽땅 사라졌네. 더 많이 생산해야겠다'라고 생각해 더 많은 블랙헤드를 만들어낸다.

① 리프팅겔은 자연스럽게 모공에 있는 찌꺼기를 빼낸다.
② 충분한 핸들링을 하고 세안 후 물기가 있는 수건을 전자레인지에 30초 돌려 온습포를 만든다.
③ 온습포를 얼굴 전체에 덮어 모공을 열어준 다음 표피 바깥층으로 올라온 피지를 짜내면 깨끗하게 관리할 수 있다.
④ 간혹 피지인 줄 알았던 부분이 검은 솜털인 경우도 있는데 이때는 족집게로 뽑아준다.
⑤ 비너스필도 모공 관리에 좋은 제품이다. 3~4일에 한 번씩 리프팅겔과 비너스필을 교대로 사용하면 놀라운 효과를 볼 수 있다.

## ▶ 제품군 사용 순서

AM

① 샴푸　　② 폼클렌저　　③ 토너
④ 세럼　　⑤ 에멀전　　⑥ 데이크림
⑦ 바이오미스트

①　②　③　④　⑤　⑥　⑦

PM

① 샴푸　　② 폼클렌저　　③ 바이오K
④ 엣지크림

①　②　③　④

## 🖊️ 시술 방법

※ 리프팅겔과 비너스필은 3일에 한 번씩 교대로 한다.

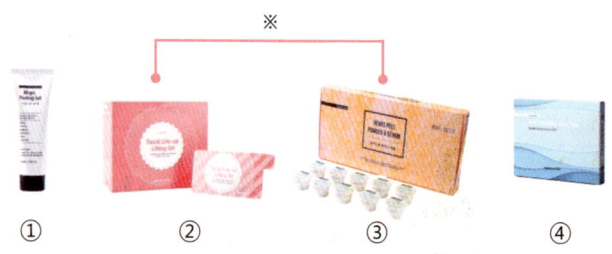

① ② ③ ④

① 매직필링젤을 얼굴에 도포하고 3분 후 손으로 문질러 각질을 제거한다. 이어 미지근한 물로 세안한다.

② 리프팅겔 파우치 한 팩을 개봉해 손이나 팩 브러시로 적당량을 취한 다음 적용 부위에 골고루 펴 바른다. 20~30분 뒤 리프팅겔이 완전히 경화되면 미온수로 깨끗이 씻어낸다.

③ 비너스필로 눈과 입을 제외한 얼굴 전체를 마사지하듯 1~2분 문지르고 가볍게 눌러준다. 약 10분 후 미온수로 깨끗이 씻어낸다.

④ 마지막으로 수딩마스크팩을 얼굴 전면에 골고루 밀착시킨다. 15~20분 적용 후 마스크팩을 떼어내고 남아 있는 내용물을 가볍게 두드려 흡수시킨다.

## 🔴 참고 및 주의 사항

① 리프팅겔 마사지는 5분 이내로 한다.

② 리프팅겔을 사용할 때 겔이 건조되는 시간은 개인마다 조금씩 다르며 겔이 굳으면 바로 씻어낸다. 겔이 굳은 후 시간이 오래 경과되면 피부가 일시적으로 붉어질 수 있다.

③ 수딩마스크팩은 개봉해서 사용하고 한 번 사용한 시트는 재사용하지 않는다.

## 🛈 도움을 주는 식품

프로바이오틱스, 밀크씨슬, 종합비타민

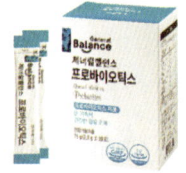

### 프로바이오틱스

장이 건강하지 않을 경우 몸 안에서 기름이 많이 형성되고 피부의 지방이 왕성해지므로 먼저 장을 건강하게 관리해야 한다.

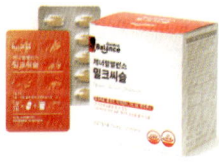

### 밀크씨슬

지방 대사는 간에 위치한 쓸개의 담즙산과 췌장의 리파아제 효소 작용으로 십이지장에서 일어난다. 따라서 밀크씨슬로 간을 건강하게 관리하면 지방 대사를 도울 수 있다. 이 경우 몸 안의 콜레스테롤, 지방산이 균형을 이루고 필요 이상의 피지가 발생하지 않아 모공과 블랙헤드를 정리할 수 있다.

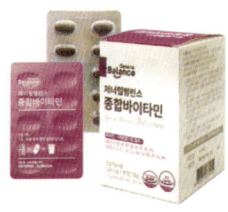

### 종합비타민

종합비타민에 들어 있는 12가지 비타민과 9종의 미네랄은 신진대사에 크게 기여한다. 이 중 비타민 B1(583퍼센트), 비타민 B2(714퍼센트), 비타민 B3(100퍼센트)는 지방 연소로 에너지를 만드는 최종 대사물질에 포함된다. 필요 이상의 지질은 모공을 넓히는 것은 물론 블랙헤드의 직접적인 원인인데 종합비타민 섭취는 이를 축소하거나 억제하는 데 도움을 준다.

# 예민 라인

### 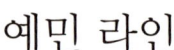 예민 라인의 특징

개중에는 피부가 예민한 사람도 있다. 예민한 피부는 사소한 접촉만으로도 피부가 쓰라리거나 벌겋게 일어난다. 이것은 여러 가지 원인으로 발생한다. 항원의 민감한 반응이나 감지 같은 신경계 이상도 그 중 하나다. 이 경우 가급적 피부를 자극하지 않고 보습을 강화해 정상 피부로 돌려놔야 한다.

① 진피층을 보강해주는 콜라겐과 장 면역을 높여 피부열을 내려주는 프로바이오틱스를 섭취한다.
② 클렌저 중 가장 순한 성분인 폼클렌저로 세안한다.
③ 시술할 때 사용하는 딥클렌징으로 엔자임파우더를 사용한다.
④ 비너스필 적용 시간은 5분을 넘기지 않는다.
⑤ 진정 성분이 많이 들어 있는 세럼으로만 관리하고 최대한 진정 효과를 내도록 당일에도 스킨이노베이터로 수면팩을 한다.
⑥ 비너스필 사용 후 얼굴이 붉어지면 수딩마스크팩을 냉장실에 넣었다가 차가운 상태로 붙인다.
⑦ 비너스필은 2주에 1회 사용한다. 4회 사용 후 한 달을 쉰다.

## ▶ 제품군 사용 순서

AM

① 폼클렌저　② 토너 2　③ 세럼
④ 에멀전 2　⑤ 톤업크림　⑥ 데이크림

PM

① 클렌징오일　② 폼클렌저　③ 바이오K
④ 세럼　⑤ 스킨이노베이터

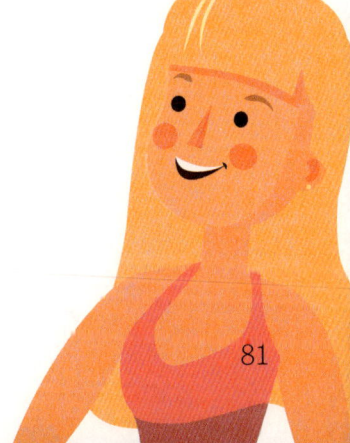

## 🖊 시술 방법

※ 2주에 1회 시술한다.

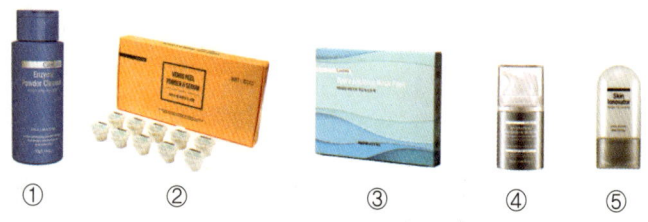

①     ②     ③     ④     ⑤

① 엔자임파우더 : 적당량(0.5~1그램)을 덜어 미지근한 물로 거품을 내 얼굴을 부드럽게 문지른 후 헹군다.
② 비너스필 : 파우더캡슐 1/2에 세럼 10회를 펌핑해서 섞어준 후 눈과 입을 제외한 얼굴 전체를 바르고 1~2분 가볍게 문질러 꼭꼭 눌러주고 5분후 세안한다.
③ 수딩마스크팩 : 수딩마스크팩을 얼굴 전면에 골고루 밀착해 20분 적용한 후 떼어낸다. 남아 있는 내용물은 가볍게 두드려 흡수시킨다.
④ 하이드레이션세럼 10회 덧바르기 : 적당량을 손등에 펌핑한 후 얼굴에 마사지하듯 골고루 펴 바른다.
⑤ 스킨이노베이터 수면팩 : 얼굴에 도포해서 수면팩을 하고 다음날 아침 물로만 세안한다.

## ⓞ 참고 및 주의 사항

① 비너스필을 사용한 뒤 얼굴이 붉어지면 수딩마스크팩을 냉장실에 넣어 차가운 상태로 붙인다.
② 비너스필은 2주에 1회 사용한다.
③ 4회 사용 후 한 달을 쉰다.

## 🔴 도움을 주는 식품

N콜라겐, 프로바이오틱스, 수소수 7잔

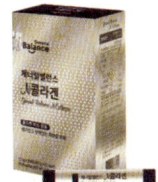

### N콜라겐

위산과 효소가 부족하면 단백질을 제대로 분해하지 못하며 이것이 혈관의 마지막 단계인 피부로 흘러들어가면서 피부가 예민해진다. N콜라겐의 저분자 콜라겐은 피부 안정을 도모하고 단백질을 형성해 건강하게 진정시킨다.

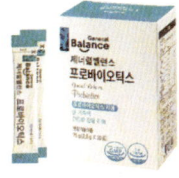

### 프로바이오틱스

피부는 장내세균 중 유해균 비율이 20퍼센트 미만일 때 가장 건강하고 안정적이다. 만약 유해균이 증식하면 피부 가려움증이나 예민성 증상이 나타나므로 프로바이오틱스로 장은 물론 피부 세균까지 관리할 필요가 있다. 프로바이오틱스를 섭취하고 또 이것을 물에 녹여 피부에 바를 경우 피부 진정 효과가 있다.

### 수소수 7잔

수소수는 식품의 흡수율을 높이고 몸 안의 독소(활성산소)를 빨리 배출하는 데 관여한다. 하루 200밀리리터 기준으로 7잔, 즉 1.4리터를 마시면 인체에 수분을 충분히 공급해 피부 자극을 줄일 수 있다. 특히 피부가 예민할 경우 더 많은 수소수를 마셔야 한다. 그러면 1주일 이내에 달라진 피부 모습을 확인할 수 있다.

> 직접적인 탈모환자 23만 명, 잠재적인 탈모환자까지
> 합치면 1,000만 명. 여기서 발생하는
> 사회간접자본시장은 가발시장 1조 2,000억,
> 탈모시장 4조, 화장품시장 13조 6,000억으로
> 전체 18조 8,000억에 달한다.
> 이 시장을 누가 이끌 것인가는
> 바로 케어셀라에서 답을 얻을 수 있다.

# 03
# 나디모
# 두피 라인

| 걱정 많은 두피 이야기　|　두피와 탈모 시장 규모　|　두피 관리 방법
|　나디모 구성　|　공통적인 주요 성분　|　비오틴, 모발 영양제　|　여성탈모 두피 관리 방법
|　남성탈모 두피 관리 방법　|　건성 비듬형 두피 관리 방법　|　가는 모발형 두피 관리 방법
|　두피열 관리 방법　|　천연샴푸를 사용했을 때 나오는 반응

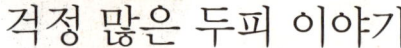
# 걱정 많은 두피 이야기

**한국인의 모발 상태**
① 곱슬 보다는 직모 형태
② 모발은 굵지만 밀도는 낮음
③ 성인 평균 모발 개수
   남성: 11만 6,740개
   여성: 10만 6,942개
④ 1개의 모낭에 존재하는 모근의 개수는
   1개가 대부분

인체에는 대략 500만 개의 털이 있는데 이것은 여섯 군데로 나뉘어 분포한다. 머리카락, 눈썹, 수염은 얼굴에 있고 겨드랑이 털과 음모를 비롯해 몸 전체적으로 체모가 있다. 개인과 인종에 따라 차이가 있으나 모발 수는 평균 9~12만 개에 이른다. 좀 더 세분하면 백인종, 황인종, 흑인종순으로 모발 수가 많다. 그리고 남자가 여자보다 1만 개 이상 더 많다. 2010년 〈대한피부과학회지〉가 발표한 연구에 따르면 한국 성인 남자 평균 모발 수는 11만 6,740개, 여자는 10만 6,942개이고 평균 11만 2,074개로 밝혀졌다.

서양인은 모근 하나에 1~3개의 모발이 나지만 한국인은 모근 하나에 모발 한 개가 난다고 한다. 1제곱센티미터당 모발이 200개 전후인데 매일 하루에 50개 정도가 빠지고 새로 나지만 이보다 빠른 속도로 빠지면 심한 탈모 증상으로 이어진다. 특히 9월부터 11월 사이에 '채갈이 시기'라 하여 머리카락이 많이 빠지므로 관리에 신경 써야 한다.

모발의 70~80퍼센트는 경단백질로 이뤄져 있기 때문에 알칼리의 영향을 받으면 구조가 느슨해지면서 팽윤과 연화가 일어난다. 반대로 산성에는 강하고 조여져 단단해진다. 모발과 두피는 pH 4.5~6.5로 강산에는 분해가, 강알칼리에는 용해가 일어난다. 그러므로 건강한 모발을 유지하기 위해서는 산성으로 때를 분해하고 알칼리성으로 세척하는 것이 좋다.

### 📘 모발 정보

1. 월 평균 1.2센티미터씩 자라고 평생 9미터가 자란다.
2. 15~30세에 성장이 가장 빠르고 50세 이후 성장 속도가 떨어진다.
3. 40세 이후 털 빠짐이 빨라진다.
4. 모발의 주성분은 케라틴Keratin이고 나머지는 탄소(50.65퍼센트), 수소(6.36퍼센트), 질소(17.4퍼센트), 유황(5퍼센트), 산소(20.85퍼센트)로 이뤄져 있다.
5. 남성호르몬 테스토스테론이 많이 분비되면 털이 많지만 과도한 분비는 탈모로 이어진다.
6. 스트레스는 탈모에 직접 영향을 준다.
7. 약물을 복용하면 털에서 양성 반응이 나온다.

## 두피와 탈모 시장 규모

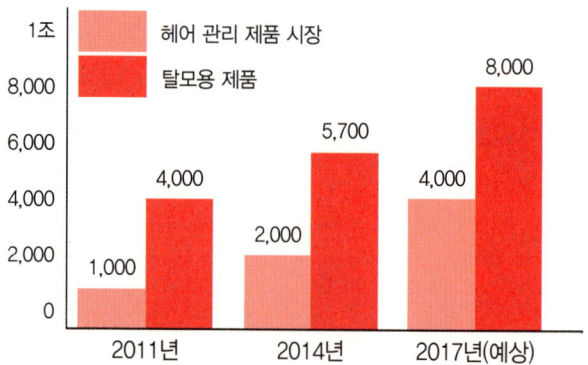

국내 헤어 관리 제품 시장 규모(단위: 억 원)
출처: 하나대투증권

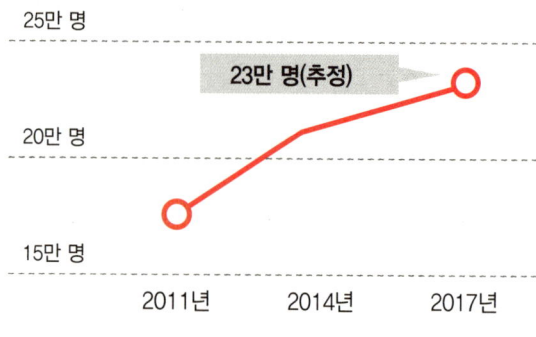

국내 탈모증 환자
출처: 국민건강보험공단

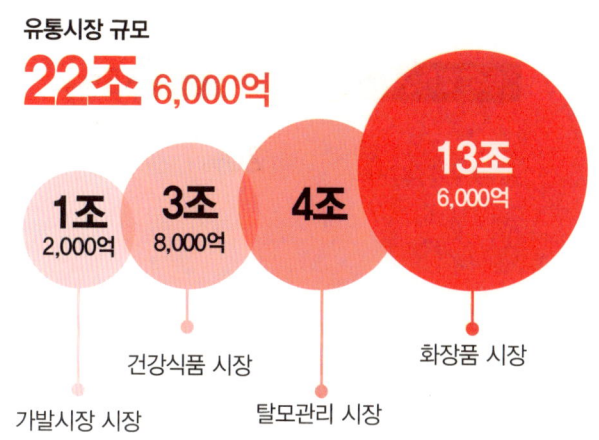

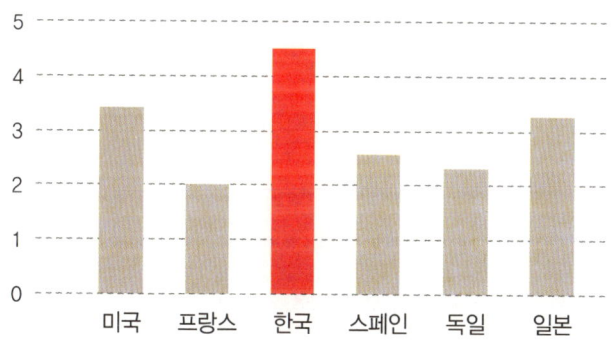

탈모 자가 치료 비율
자료: 코트라 해외시장정보

## 03 두피 관리 방법

**탈모 예방에 가장 중요한 요소**

두피 혈액순환 / 영양공급  **35%**

깨끗한 두피 환경  **20%**

### 두피 관리

피부와 두피를 따로 생각하는 사람이 많지만 두피도 머리의 피부이므로 피부처럼 관리 제품과 식품을 함께 사용해 관리해야 한다. 인체 전체의 생장시간은 저녁 10시~새벽 4시이므로 가능한 한 오후 10시 이전에 두피를 깨끗한 상태로 만드는 것이 좋다. 두피 케어는 성가실 수도 있으나 청결만 제대로 지켜도 건강한 두피와 탈모 방지는 물론 아름다운 머릿결을 기대할 수 있다.

### 두피 마사지법

두피 마사지는 두피의 혈액순환을 촉진하고 모공을 막는 노폐물 배출을 도와 영양분이 모발까지 원활하게 도달하도록 함으로써 모발 성장을 돕는다. 간혹 미용실에서 샴푸 후 두피 마사지를 받다 보면 자신도 모르게 긴장이 풀리면서 스스로 잠이 오지 않던가. 두피 마사지는 뇌에 산소를 공급하고 림프계 순환을 개선하며 근육의 긴장을 풀어준다. 덕분에 스트레스를 완화하고 불면증 해소에 도움을 준다.

### 👍 두피 혈 자극(샴푸 전)

두피는 소림사 스님들 머리의 점처럼 전체가 대개 혈자리이므로 손끝으로 두피 전체를 지그시 누른다. 머리의 정수리 부분을 백회혈이라고 하는데 이곳이 탈모를 방지하고 모발 성장에 도움을 주는 혈 자리다. 목뼈 양쪽으로 움푹 들어간 곳은 풍지혈로 탈모, 두통, 불면증에 도움을 준다. 목덜미 정중앙의 움푹 파인 곳은 아문혈로 두통을 낫게 하고 뇌 기능을 활발하게 하는 데 도움을 주는 혈자리다.

### 👍 두피 마사지(샴푸 시)

목덜미와 양쪽 귀에서 정수리 방향으로 머리를 쓸면서 손가락으로 목덜미 쪽 목뼈 옆을 지그시 누른 채 고개를 앞으로 숙였다 젖혔다 하는 동작을 3회 반복한다. 그리고 귀 뒤쪽으로 약간 손을 올려 움푹 들어간 곳을 찾아 엄지로 누르면서 두피를 위로 당기듯 지압한다.

### 👍 브러싱 마사지(폼스케일러 사용 시)

빗질만 잘해도 두피 마사지 효과를 얻을 수 있다. 브러시로 헤어라인, 귀 옆, 목덜미에서 정수리 방향으로 빗는다. 이때 브러시는 끝이 둥글고 뭉툭한 나무로 만든 제품이 좋고 폼스케일러를 사용할 때도 이 순서대로 진행한다. 모발이 젖은 상태에서는 빗질로 모발 큐티클이 벗겨질 수 있으니 반드시 모발을 완전히 말린 뒤 빗는다.

# 나디모 구성

**Nadimo**  Nadi + 모毛의 합성어

Nadi는 인도의 산스크리트어로 '생명 에너지가 흐르다'라는 뜻이다.

### 나디모 샴푸    사용 순서 01

두피의 노폐물과 각질을 부드럽게 제거해 깨끗하고 건강한 두피에 도움을 준다.
① 내용물 성상 : 투명하고 묽은 제형
② 용량 : 300㎖
③ pH : 5.5(±0.5) 약산성 샴푸

**사용 방법**

① 먼저 모발을 물에 충분히 적신다.
② 내용물을 적당량 덜어 거품을 낸 뒤 모발과 두피에 적용한다.
③ 부드럽게 마사지한 후 물로 깨끗이 헹군다.

### 나디모 폼스케일러    사용 순서 02

두피 관리의 시작으로 모공 속까지 시원하게 두피를 클렌징한다.
① 내용물 성상 : 거품 타입
② 용량 : 100㎖
※ 주 2회 사용을 권장한다.

**사용 방법**

① 먼저 모발을 물에 충분히 적신다.
② 제품의 미세모 부분이 두피에 닿게 해서 두피 결 사이

사이에 전체적으로 내용물을 도포한다.
③ 거품을 도포한 부위를 내용물 입구 부분의 브러시로 3분 정도 가볍게 마사지하고 깨끗이 헹군다.

### 나디모 스칼프토닉  사용 순서 03

피부장벽 강화에 도움을 주는 EGF & FGF 성분이 손상된 두피와 모발을 보호하고 영양을 공급한다. 이로써 두피 건강을 유지하고 두피 자극과 스트레스를 완화하며 손상을 예방한다.
① 내용물 성상 : 액상 미스트 타입
② 용량 : 120㎖
③ pH : 5.5(±0.5) 약산성 토너

**사용 방법**
물기를 제거한 뒤 두피에 토닉을 골고루 분사한 다음 손끝으로 부드럽게 두드려 흡수시킨다.

### 나디모 스칼프앰플  사용 순서 04

EGF, FGF 성분과 함께 세포증식과 혈관내피를 성장시키는 IGF, VEGF 성분이 손상된 두피에 영양을 공급하고 빠르게 복구시킨다.
① 내용물 성상 : 옅은 갈색의 액상 타입
② 용량 : 5㎖ × 10ea
③ pH : 5.5(±0.5) 약산성 앰플

**사용 방법**
물기를 제거한 뒤 두피 전체에 적당량을 도포한 다음 손끝 지문으로 부드럽게 마사지해 흡수시킨다.

## 공통적인 주요 성분

**윈터체리 뿌리 추출물(아슈와간다)**
인도의 인삼으로 불리는 식물로 인도의 민간요법인 아유르베다에 쓰이며 피부 보호에 도움을 준다.

**인디언 구스베리 열매 추출물(암라 추출물)**
인도에서 암라라고 불리며 비타민 C가 풍부해 두피 건강에 도움을 준다.

**약모밀 추출물(어성초 추출물)**
민감한 피부를 진정시키는 특성이 있다.

**하수오 뿌리 추출물**
예민한 두피를 진정시키고 영양을 공급해준다.

**비오틴(비타민 B7)**
비타민 B군의 한 종류로 계란노른자, 정어리, 견과류 등에 함유되어 있으며 눈 건강에 도움을 준다고 널리 알려져 있다. 두발, 피부, 손톱의 건강도 유지해준다. 비오틴 결핍은 탈모, 머리카락이 얇아지는 증상 등을 야기한다.

**나이아신아마이드(비타민 B3)**
비타민 B복합체로 피부 속 수분을 유지해주며 피부장벽 강화에 도움을 준다. 또 수분 손실을 방지해 탄력을 높인다.

**판테놀(비타민 B5)**
저자극성 물질로 보습 효과가 뛰어나다. 두피와 모발의 pH 균형을 유지해 두피 보호에 도움을 준다.

**DANDRILYS(프로판디올, 정제수, 주아나무 껍질 추출물)**
두피의 각질 완화에 도움을 주는 원료다. 두피를 청결하고 건강하게 유지해주며 비듬이나 가려움증을 덜어주어 깨끗하고 건강한 두피 관리에 도움을 준다.

**ALA(아미노레불리닉 애시드 HCL)**
모든 생물의 기초 아미노산이다.
① 안티 에이징Anti Ageing(노화 방지) 효과가 있다.
② 에이징 케어Ageing Care 등 화장품, 건강식품, 의료 분야 등에 쓰인다.
③ 식물 성장 촉진제, 동물 면역성장 촉진제, 피부 흡수 촉진제, 여드름 치료제, 두피 관리제 등
④ 고농도 ALA : 감염증 치료제, 살균제, 항암-혈전 치료제
⑤ 저농도 ALA : 효소 생산, 미생물 배양, 식물 수확량 향상, 광합성 증강, 내한성 향상, 내염성 향상, 대사 연구 등

**EGF & FGF**
두피와 모발의 탄력 강화에 도움을 주고 두피 개선, 보습, 영양에서 시너지 효과를 낸다.

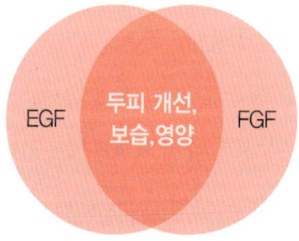

※ EGF와 FGF의 성분은 스칼프 토닉, 스칼프 앰플 두 종류에 함유되어 있다.

**IGF-1 & VEGF**
피부(두피)장벽 강화, 모발 손상 예방에서 시너지 효과를 낸다.

※ IGF-1 & VEGF 성분은 스칼프 앰플에만 함유되어 있다.

# 비오틴, 모발 영양제

머리부터 발끝까지 빈틈없이 풍성하게 채워주는 내 하루를 위한 영양 설계

제너럴밸런스 비오틴은 천연비오틴으로 건조효모에서 추출한 천연유래 성분 주원료 한 가지와 총 94가지의 천연원료가 들어 있다. 식약처 일일섭취 권장량 30㎍의 1,667퍼센트인 일일 500㎍를 제공한다.

**사용 방법**
1일 1회, 1회 1정을 물과 함께 섭취한다.
(식후 섭취 권장).

비오틴은 비타민 B7을 말하며 비타민 H라고도 불린다. 황을 함유한 비타민으로 지방과 탄수화물 대사에 관여해 4개의 탈탄산효소(탄산 생성 반응을 촉매하는 효소)의 필수 보조인자로 작용한다. 이때 3개 분자는 열량과 아미노산 대사에 관여하고 나머지 하나는 지방산을 만드는 데 쓰인다. 모발의 구성 성분과 혈구 생성, 남성호르몬 분비에 관여하고 신경계와 골수 기능을 원활하게 한다.

독성이 없는 것이 특징이며 계란노른자, 정어리, 견과류 등에 함유되어 있다. 눈 건강에도 도움을 준다고 널리 알려져 있다. 두발, 피부, 손톱을 건강하게 유지해주며 결핍 시 탈모와 머리카락이 얇아지는 증상 등을 야기한다.

## 🧑 섭취 대상

- 활발한 에너지 대사를 원하는 사람
- 영양 단백질 대사가 필요한 사람
- 출산 전후 단백질 대사가 필요한 여성
- 체력 소모가 심해 쉽게 지치는 사람
- 활동량이 많은 운동을 하거나 일을 하는 사람
- 건강을 위해 풍부한 영양 설계를 원하는 사람
- 머리부터 발끝까지 건강을 원하는 사람

## 여성탈모 두피 관리 방법

여성탈모는 몸이 보내는 SOS 신호다. 탈모 증상 이외에 수족냉증, 생리불순, 생리통, 안면홍조, 두통 등 다양한 동반 증상이 있는데 이는 여성탈모의 원인이 과한 다이어트와 호르몬 불균형에 있기 때문이다. 남성탈모가 정수리나 앞이마에 국한된 M자형인 반면 여성은 정수리부터 진행된다. 산후탈모나 소화기가 약해서 오는 경우는 앞머리 부분이 빠지기도 한다. 두피에 영양을 주는 비오틴과 함께 호르몬영양제인 W솔루션, 장 기능 개선과 독소 배출에 좋은 프로바이오틱스가 도움을 준다.

## 🧑 도움을 주는 식품

비오틴, 프로바이오틱스, W솔루션

비오틴       프로바이오틱스       W솔루션

## ▶️ 나디모 사용 방법

1. 샴푸의 거품을 내고 노폐물을 흡착하도록 3분 정도 두었다가 헹군다.
2. 스케일러는 주 2회 사용하고 실리콘 브러시로 5분 이상 마사지하면 좋다.
3. 토너와 앰플은 매일 사용하고 토너스프레이를 뿌리거나 앰플을 따로 발라도 좋다.
4. 에어스프레이에 토너와 앰플을 1:1 비율로 섞어 뿌려주면 두피열이 내리고 작은 입자로 골고루 분사하기 때문에 효과적이다.

# 남성탈모 두피 관리 방법

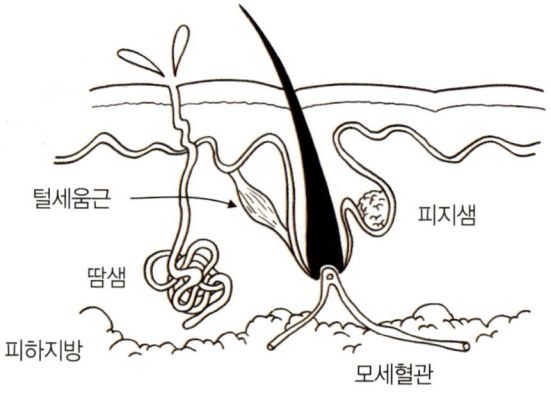

남성탈모는 남성 호르몬과 유전으로 발생하는 질환으로 보통 40~50대에 시작하지만 심한 경우 20대에 발생하기도 한다. 남성뿐 아니라 여성에게도 발생할 수 있으며 나이가 들어가면서 발생 빈도가 증가한다.

남성탈모에는 남성 호르몬, 유전적 소인, 나이 등이 영향을 미치는데 이것은 모낭 파괴보다 모낭 소형화에서 기인한다. 탈모가 발생한 부위의 모낭에서는 휴지기에 있는 모발비율이 증가하며 생장기 기간은 감소한다.

대개는 유전적 요인 50퍼센트를 제외한 나머지 50퍼센트를 관리한다. 특히 소형화한 모낭을 스켈링하고 튼튼하게 잡아주는 관리와 두피의 빠른 영양 공급을 위한 혈액순환에 중점을 둔다. 두피에 영양을 주는 비오틴과 함께 빠른 혈액순환을 돕는 로케트파워, 장 기능 개선과 독소 배출에 좋은 프로바이오틱스가 필수적이다.

## 🅱 도움을 주는 식품

비오틴, 프로바이오틱스, 로케트파워

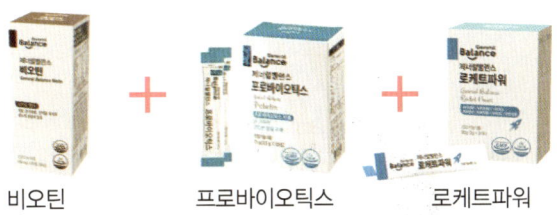

비오틴          프로바이오틱스          로케트파워

## ▶ 나디모 사용 방법

1. 기본 매뉴얼대로 두피 마사지를 한다.
2. 샴푸의 거품을 내고 노폐물을 흡착하도록 5분 정도 두었다가 헹군다.
3. 스케일러는 주 3회 사용하고 실리콘 브러시로 5~10분 마사지한다.
4. 토너와 앰플은 매일 사용한다. 따로 바르는 것보다 에어스프레이에 1:1 비율로 섞어 림프선을 따라 뿌려주면 두피열이 내리고 작은 입자로 골고루 분사하기 때문에 효과적이다.
5. 두피에 영양을 충분히 뿌려준다.

# 건성 비듬형 두피 관리 방법

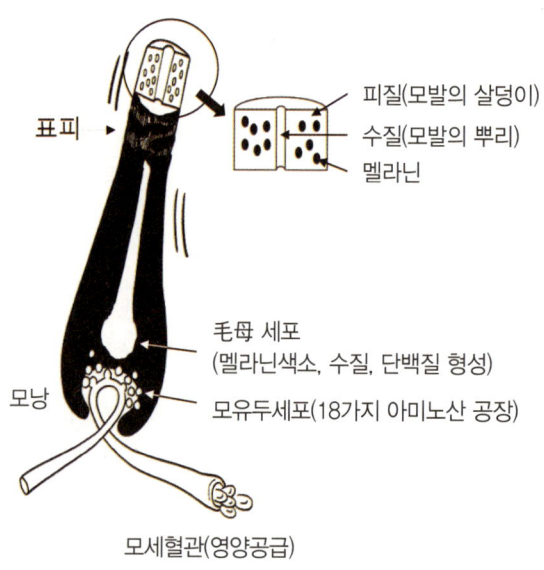

가루처럼 떨어지는 각질은 두피 건조와 미량미네랄 부족에 따른 두피의 독소 때문이다. 환절기에는 더욱 심해져 일상생활에 지장을 주므로 평소 두피에 영양을 주는 비오틴과 함께 미량미네랄을 채워주는 종합바이타민, 장 기능 개선과 독소 배출에 좋은 프로바이오틱스를 꾸준히 공급해줘야 한다.

나디모와 함께 피부지질 구조와 가장 흡사한 호호바오일팩을 해주면 피부에 영양을 공급하고 찌꺼기를 효과적으로 제거할 수 있다.

## 🧑 도움을 주는 식품

비오틴, 종합바이타민, 프로바이오틱스, 헤어호호바오일

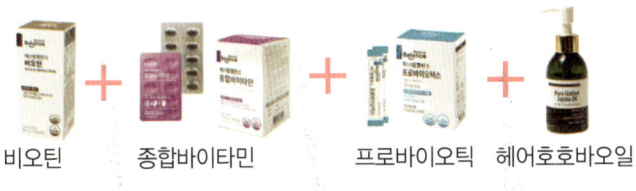

## ▶️ 나디모 사용 방법

1. 샴푸의 거품을 내고 노폐물을 흡착하도록 10분 정도 두었다가 헹군다.
2. 두피 전체에 호호바오일을 도포해 마사지한 뒤 스팀타월로 30분 정도 머리카락을 싸매고 팩을 해준다.
3. 이틀에 한 번씩 스케일러를 사용하되 10분 정도 두었다가 실리콘 브러시로 마사지한다.
4. 토너는 매일 사용하고 앰플은 헤어팩을 하는 날 사용한다. 두 가지를 따로 쓰는 것보다 에어스프레이에 1:1 비율로 섞어 림프선을 따라 뿌려주면 두피열이 내리고 작은 입자를 골고루 분사하기 때문에 효과적이다.

# 가는 모발형 두피 관리 방법

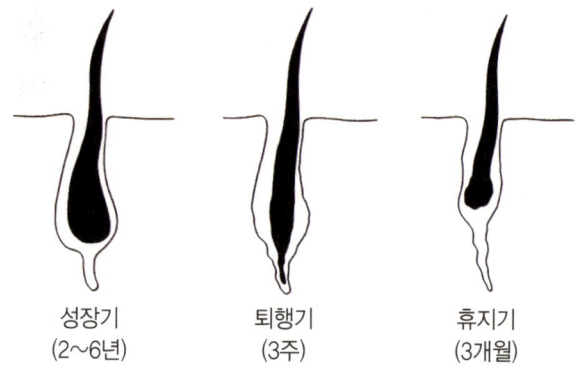

탈모의 한 유형인 가는 모발은 0.75밀리미터 이하의 굵기를 말한다. 가는 모발은 단백질 등의 영양소 부족과 잘못된 빗질, 드라이, 헤어 시술 등 외부 자극이나 손상으로 오는 경우가 많다. 특히 여성은 무리한 다이어트로 인해 가는 모발이 많이 발생한다.

가는 모발은 무엇보다 균형 잡힌 두피 영양 공급을 우선시해야 하므로 비오틴과 양질의 단백질을 제공하는 복합아미노산, 독소 제거를 위한 프로바이오틱스를 2배로 공급한다. 두피가 충분히 숨을 쉬도록 두피를 청결하게 유지해야 하므로 나디모를 사용할 경우 스케일러를 쓰지 않는 날은 이중으로 샴푸를 하는 것이 좋다. 머리를 감고 말릴 때는 차가운 바람으로 두피 안쪽부터 말리고 선풍기는 바깥부터 먼저 마르므로 피하는 것이 바람직하다.

## 도움을 주는 식품

비오틴, 복합아미노산, 프로바이오틱스

비오틴        복합아미노산        프로바이오틱스

## 나디모 사용 방법

1. 기본 매뉴얼대로 두피 마사지를 한다.
2. 샴푸로 거품을 내고 노폐물을 흡착하도록 3분 정도 두었다가 헹군다. 스케일러를 사용하지 않는 날에는 샴푸를 한 번 더 하고 10분 더 방치하되 지압 마사지를 충분히 한다.
3. 스케일러는 주 2회 사용하고 실리콘 브러시로 5~10분 마사지한다.
4. 토너와 앰플은 매일 사용한다. 따로 바르는 것보다 에어스프레이에 1:1 비율로 섞어 림프선을 따라 뿌리면 림프선을 자극하고 두피열이 내려 모발이 굵어진다.

# 두피열 관리 방법

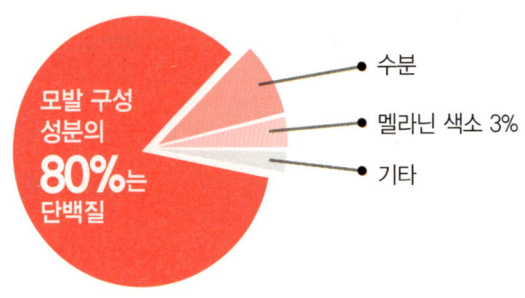

모발 구성 성분의 80%는 단백질
- 수분
- 멜라닌 색소 3%
- 기타

스트레스 과다, 수면 부족, 과로, 과식, 야식 같은 부적절한 생활습관의 반복은 신체 기능 저하와 체열조절 기능 문제를 야기한다. 이는 체내 열 순환을 방해해 열이 상체와 두피로 과도하게 몰리도록 만든다. 이 증상이 오래 이어질 경우 두피의 유·수분 균형이 무너져 두피 염증, 각질 등의 증상을 유발한다. 또 모공을 넓히고 모발 생장주기를 단축해 탈모로 이어질 수 있다.

하루 7시간 이상 충분히 숙면하고 하루 동안 쌓인 노폐물을 씻어내려면 아침보다 저녁에 꼭 샴푸하는 것이 좋다. 샴푸 후에는 시원한 바람이나 자연건조로 머리를 꼼꼼히 말린다. 그뿐 아니라 맵고 짠 자극적인 음식이나 야식, 과식을 자제하고 채식 위주의 식습관을 들이는 것이 좋다. 족욕과 반신욕으로 원활한 혈액순환을 촉진하는 것도 바람직하다.

나디모는 기본 사용법을 잘 지키고 반드시 에어스프레이를 사용한다. 모발에 영양을 주는 비오틴과 함께 혈액순환을 돕는 로케트파워,

염증을 잡아주는 오메가-3를 섭취하면 두피열에 따른 뽀루지나 염증 관리에 좋다.

### 🅗 도움을 주는 식품

비오틴, 로케트파워, 오메가-3

비오틴     로케트파워     오메가-3

### ▶ 나디모 사용 방법

1. 기본 매뉴얼대로 두피 마사지를 한다.
2. 샴푸로 거품을 내고 노폐물을 흡착하도록 10분 정도 두었다가 헹군다.
3. 스케일러는 주 3회 10분씩 사용하고 두피 마사지를 많이 하기보다 헤어라인과 뒷목 부분을 3분 이상 충분히 풀어준다.
4. 토너와 앰플은 매일 사용한다. 열감을 내리기 위해 꼭 에어스프레이에 1:1 비율로 섞어 림프선을 따라 적은 양을 분사해 오래 뿌리고 두피 림프 마사지를 한다.

# 천연샴푸를 사용했을 때 나오는 반응

**머리카락이 너무 뻣뻣하다**

천연샴푸의 가장 큰 특징 중 하나다. 머리카락은 큐티클이라는 비늘 형태의 세포층으로 이루어져 있는데, 이 큐티클이 손상된 틈으로 세정제의 지방산이 들어가 큐티클을 들어 올리면서 감을 때 거친 느낌이 난다.

샴푸에는 보통 실리콘제, 합성폴리머 등이 들어 있어 인공적으로 머리카락을 코팅하는데 결과적으로 이런 성분이 두피와 큐티클을 손상시킨다. 천연샴푸를 처음 접하면 2주 정도 뻣뻣한 느낌이 들지만 조금만 지나면 매끄러운 머릿결을 느낄 수 있다.

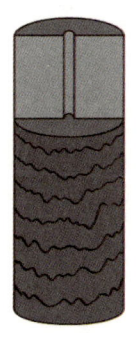
건강한 모발

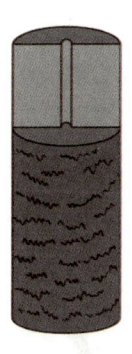
손상된 모발

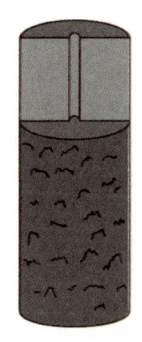
매우 손상된 모발

## 비듬이 생겼다

지금껏 사용한 화학물질이 두피에 막을 형성하고 있다가 천연물질이 들어가면 일정하지 않게 깨지고 벗겨지면서 일시적으로 각질이 많이 생기기도 한다. 이 경우 호호바오일팩을 사용하면 각질 관리에 좋다. 기간은 두피에 붙어 있는 합성 성분의 누적량에 따라 다르지만 거의 한 달 안에 사라진다.

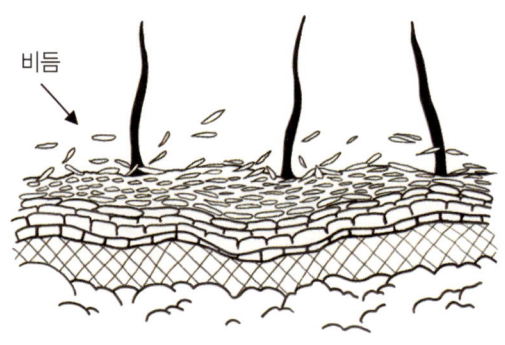

## 갑자기 머리카락이 많이 빠진다

가는 머리카락이 빠지는 것은 일시적이고 흔한 증상에 속한다. 이때 모근에 약하게 매달려 있던 기존 머리카락을 청소하면서 그 자리에 더 튼튼하고 건강한 모발이 차오른다. 이것은 천연샴푸의 두피 스켈링 효과로 원래 빠질 모발을 빠르게 정리하는 현상이다. 일시적으로 과다한 영양공급이 되면서 휴지기 모발의 수명이 단축되고 새롭게 자라는 모발이 밀어내는 좋은쉐딩현상이라고도 한다.

두피카메라로 확인하면 바로 알수 있으며, 카메라가 없을 경우 손가락을 두피에 넣어보면 까슬까슬하게 잔모가 느껴진다.

> 케어셀라에 들어가는 주요 성분은
> 일반 제품에서는 고가의 성분에 속한다.
> 따라서 미량을 넣어도 소비자에게 부담이 가는
> 가격대를 형성한다.
> 케어셀라의 주요 성분은 35~55퍼센트 이상이
> 친환경 원료로 가성비가 매우 뛰어나다.

# 04
# 케어셀라의 주요 성분

히알루론산, 진피의 수분 보충 | 펩타이드, 4세대 화장품 원료 | 나이아신아마이드
| 아르간트리커넥터 오일, 모발 보습 및 유연제 | 하이드롤라이즈드 콜라겐
| 알란토인, 스테로이드 대체물질 | 병풀 추출물, 상처 치유 및 마데카솔의 주원료
| 아데노신 | 진세노사이드(Rg2) | 콩 피토플라센터, 진피 단백질 화합물의 영양 공급
| 헥산디올, 파라벤 대체 천연방부제 | 금불초(선복화), 주름 개선과 미백
| 세라마이드, 피부장벽의 접착제 | 시어버터, 보습 효과와 피부 연고
| 라벤더 오일, 피부 진정 | 다마스크장미 오일 | 사해소금
| 판테놀, 피부 상처와 피부염 도움 | 히비스커스 추출물, 3세대 각질제거제
| 레시틴, 피부세포 보호막 도움

# 히알루론산, 진피의 수분 보충

히알루론산Hyaluronic Acid 또는 하이알루로닉 애시드는 콜라겐, 엘라스틴과 함께 진피의 3대 핵심 물질로 상식처럼 널리 알려진 단어다. 이것은 피부 수분과 탄성에 관여하는 중요한 물질로 히알루론산 부족은 주름과 피부 늘어짐을 유발한다.

히알루론산은 단순히 피부조직뿐 아니라 관절과 연골이 부드럽게 움직이도록 윤활제 역할도 한다. 가령 퇴행성관절염은 히알루론산 부족으로 발생하며 퇴행성관절염으로 병원을 찾았을 때 처방으로 관절에 주입하는 주사 성분이 바로 히알루론산이다. 눈 유리체의 1퍼센트도 히알루론산으로 채워져 있다. 1퍼센트를 적은 양이라고 생각하면 큰 오산이다. 그 1퍼센트의 양이 살짝만 감소해도 눈이 감염되고 뻑뻑해서 한시도 눈을 뜨고 다닐 수 없다.

그뿐 아니라 몸의 모든 조직에 분포해 있는 히알루론산은 신체의 약 15그램을 차지한다. 매일 약 30퍼센트가 분해되어 소멸하고 합성으로 다시 채워지며 묽은 점액 다당류 구조를 보인다. 그런데 40대가 넘어가면 히알루론산 분해가 빨라지고 합성은 늦어지면서 퇴행성관절염이나 난시, 근시, 안구건조증 등이 발생한다.

히알루론산은 1934년 소의 유리체(눈) 분리에 성공하면서 연구가 활발하게 이뤄졌다. 이후 닭벼슬과 포유류의 피부, 대동맥, 관절액 등에 많이 존재한다는 것을 확인해 여기에서 히알루론산을 얻었으나 지금은 미생물 배양으로 히알루론산 원료를 채취한다.

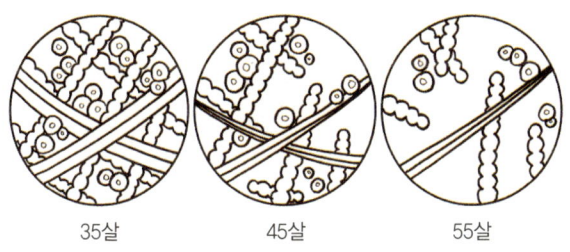

나이에 따른 진피의 히알루론산 농도

히알루론산은 자기 부피의 1,000배 정도 수분을 끌어당겨 함유할 수 있는 물질이다. 실제로 히알루론산을 유리에 묻혀두고 시간이 흐른 뒤 살펴보면 히알루론산 주위에 수분이 모여 있는 것을 직접 확인할 수 있다. 그만큼 수분을 당기는 힘이 좋아서 수분 부족으로 발생하는 주름시계를 늦추거나 개선하는 데 큰 역할을 한다.

피부에서 히알루론산은 콜라겐과 엘라스틴이 떨어지거나 흩어지는 것을 막아 피부 젊음을 유지하는 기능을 한다. 최근에는 먹는 히알루론산을 비롯해 피부과에서 아쿠아리프팅(물광주사)이라 하여 피부에 직접 히알루론산을 주입하는 성형 시술이 인기를 끌고 있다.

히알루론산은 분자량의 크기에 따라 콜라겐 합성, 항염증과 피부 흡수에 미치는 영향이 다른데 피부에는 저분자 히알루론산을 사용하는 경우가 크게 증가하고 있다.

## 펩타이드, 4세대 화장품 원료

- 2개 이상 연결된 아미노산을 펩타이드Peptide라고 한다.
- 50개 이상 연결된 아미노산을 단백질Protein이라고 한다.
- 아미노산 10개 이상은 폴리펩타이드다.
- 아미노산이 11~100개 미만이면 올리고펩타이드다.

 4세대 화장품 원료로 각광받으며 미용업계에 큰 이슈로 떠오른 펩타이드는 여전히 기능성 화장품의 주원료로 쓰일 만큼 인기가 높은 원료다. 그러나 킬로그램당 최저 2억에서 최고 30억을 호가하는 고가 원료라 소비자가 선뜻 선호하기에는 부담이 적지 않다. 이런 이유로 시장에서 늘 이슈이긴 해도 큰 시장성을 확보하지 못하고 있는 성분이기도 하다.
 한때 많은 사람이 피부 개선에 이만한 원료가 없다며 트리펩타이드, 디펩타이드를 외칠 만큼 인기를 구가했기에 펩타이드의 주요 기능과 효능은 널리 알려져 있다.
 그런데 펩타이드는 분자량이 커서 피부 속으로 쉽게 침투하지 못한다. 펩타이드의 흡수율을 높이려면 여러 개의 협력 펩타이드를 섞어야 한다. 즉, 펩타이드를 쉽게 흡수하도록 효소나 전달자를 함께 혼합해야 한다. 대표적인 예로 콜라겐과 엘라스틴을 지지하는 '아세틸 트리

펩타이드-2'와 주름을 팽팽하게 만드는 '아세틸 옥타펩타이드-3' 등이 있다.

### 펩타이드의 종류와 기능

| 분자 | 종류 |
|---|---|
| 2분자 | 딥 펩타이드 Dip peptide |
| | 세포활성화, 활성산소 억제 작용 |
| 3분자 | 코퍼 트리 펩타이드 Copper tri peptide |
| | 염증방지, 조직보호 및 치유, 손상된 조직 치유, 노화방지 |
| 4분자 | 테트라 펩타이드 Tetra peptide |
| | 세포 분열 촉진, 재건, 세포벽 강화 |
| 5분자 | 펜타 펩타이드 Penta peptide |
| | 주름 개선, 엘라스틴, 콜라겐 증진, 진피 보호 역할 |
| 6분자 | 핵사 펩타이드 Haxa peptide |
| | 안면근육이완, 주름, 탄력 재생, 신경전달물질, 차단, 상처 치유 |
| 7분자 | 옥타 펩타이드 Octa peptide |
| | 반복적이고 빠른 엘라스틴, 콜라겐 증진, 진피 보호 역할 |
| 8분자 | 노나 펩타이드 Nona peptide |
| | 혈관 이완효과, 혈관 투과성, 평활근 수축 작용, 혈액 순환 촉진 |

펩타이드는 아미노산이 2개 이상 결합한 것을 말하며 펩타이드 2개가 결합한 것을 딥펩타이드라고 한다. 딥펩타이드는 세포 활성화와 활성산소 억제 기능을 하는데 펩타이드 여러 개가 결합하면 인체 기능이 달라진다.

펩타이드 원료에는 콜라겐 합성과 분해 활동의 신호 전달 및 작용을 조절하는 능력이 있다. 즉, 콜라겐 합성으로 피부 탄력, 주름 개선 등 피부 기능 성상화를 높는 역할을 한다.

## 03 나이아신아마이드

식약처에서 미백 효과 기능성을 고시한 원료다.

---

**나이아신아마이드의 6가지 효능**
① 피부 착색 개선과 멜라노좀 억제
② 2퍼센트 사용 시 세라마이드 34퍼센트 증가
③ 2퍼센트 사용 시 지방산 76퍼센트 증가
④ 피부 수분 손실을 막으며 진피의 미세순환 자극
⑤ 콜라겐 분비 촉진
⑥ 멜라닌 색소 억제

---

나이아신아마이드Niacinamide는 비타민 B3로 알려진 나이아신을 활성화하는 유도체로 수용성비타민에 속한다. 이것은 세포에서 에너지를 생산하고 이용하거나 스테로이드 생합성, DNA 복제, 세포 분화, 탄수화물·아미노산·지방산 대사에 관여하는 에너지 대사물질이다.

피부에 좋은 비타민은 많지만 나이아신아마이드는 피부 고민이나 피부 타입에 상관없이 사용 가능한 성분으로 꼽힌다. 예를 들면 넓어진 모공, 피부톤 불균형, 피부 칙칙함을 빠르게 개선하고 멜라닌 색소 이동을 억제하며 표피에 침착하는 양을 줄여주는 역할을 한다. 또 빛과 열에 강해 밤낮 구분 없이 사용이 가능하다.

식약처에서 미백 효과 기능성을 고시할 정도로 대표적인 미백 성분으로 언제나 밝게 빛나는 피부를 유지하는 효과를 낸다. 한 연구에 따르면 5퍼센트의 나이아신아마이드는 멜라노좀Melanosomes(멜라닌 색소를 포장하고 있는 형태)을 35~68퍼센트 억제한다고 한다.

# 아르간트리커넥터 오일, 모발 보습 및 유연제

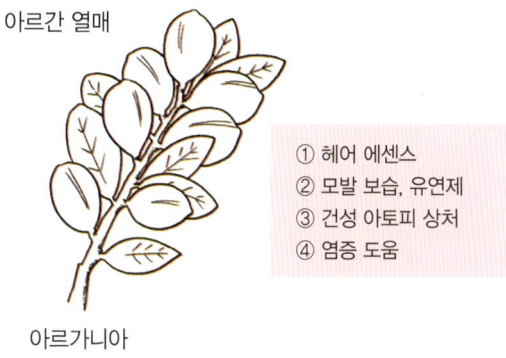

아르간 열매

① 헤어 에센스
② 모발 보습, 유연제
③ 건성 아토피 상처
④ 염증 도움

아르가니아

아르간트리커넥터 오일Argan-Treeconnector Oil 혹은 아르간 오일은 원산지 모로코 남서부 지역에서 자생하는 아르가니아Argania 나무 열매의 씨에서 추출한 오일이다. 세계적으로 희귀하고 비싼 오일 중 하나에 속하며 미용업계에서 '기적의 성분'으로 인기를 얻고 있다.

아르간 오일은 향미가 너무 강한 탓에 화장품 용도로는 부적합하며 모발 용도로만 사용한다. 올리브 오일보다 비타민 E를 2배 이상 함유하고 있어 모발에 영양과 탄력을 주고 손실을 크게 줄이는 헤어 에센스로 쓰인다. 즉, 모발 유연제와 보습제용으로만 출시한다.

또한 민간 치료제 역할을 하며 피부의 건성 아토피 염증, 발진 등에 널리 쓰이고 있다. 콜레스테롤 방지에도 효과적이라 드레싱이나 빵의 디핑소스에 넣어 먹기도 한다.

## 05
# 하이드롤라이즈드 콜라겐
피부에 보습, 습윤, 컨디셔닝 효과를 제공한다.

인체의 약 15퍼센트 이상은 단백질로 구성되어 있다. 의학계에서 가장 깊이 연구하는 분야는 단백질로 인체의 호르몬, 효소, 근육, 장기 등 많은 부분이 단백질을 기본으로 이뤄진다. 특히 DNA는 RNA를 통해 우선적으로 단백질을 생성해 생명의 원천을 제공한다.

단백질은 체내에서 20여 종의 아미노산 결합으로 펩타이드 덩어리를 만드는데 이 펩타이드 덩어리가 뭉쳐 단백질을 생성한다. 또 아미노산 결합은 약 28종의 콜라겐을 만들어낸다. 콜라겐은 커다란 구조 단백질의 한 종류로 인체에서 가장 풍부한 단백질에 속한다.

콜라겐 타입 I은 주로 피부에서 생성되는 타입을 말하며 젊고 건강한 피부의 80퍼센트 정도가 콜라겐으로 구성되어 있다. 섬유아세포 Fibroblast라고 불리는 특수 생산 세포는 강하고 유연한 콜라겐을 합성하는데, 콜라겐으로 이뤄진 섬유가 바로 콜라겐 섬유 Collagenous Fiber다.

피부 표면을 탄력 있고 부드러우면서도 유연하게 유지해 견고한 틀을 형성하는 콜라겐 섬유는 피부 결합조직에서 가장 큰 부분을 형성한다. 또 수분과의 결합으로 피부를 촉촉하고 부드럽게 하도록 돕는 기능을 한다. 동시에 상처 치유에도 깊이 관여한다.

이러한 콜라겐 중 동물의 뼈, 연골, 힘줄, 인대, 피부에 많이 들어 있는 경단백질을 가수분해(물 분자와 화학반응을 일으켜 분해되는 것)해서 얻은 콜라겐을 하이드롤라이즈드 콜라겐 Hydrolyzed Collagen이라고 한다.

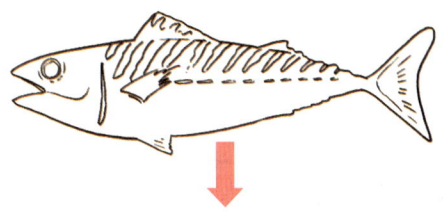

생선에서 하이드롤라이즈드 콜라겐 추출

**화장품 사용용도**
① 보습, 습윤
② 컨디셔닝
③ 피부, 모발, 손톱에 활력과 컨디셔닝 부여
④ 모발의 정전기 방지
⑤ 피막을 형성해 피부를 부드럽게 감싸는 데 관여
⑥ 피부에 수분 공급

하이드롤라이즈드 콜라겐은 가수분해로 추출하기 때문에 수분과 친해 가수분해콜라겐, 수용성콜라겐, 마린콜라겐이라고도 불린다. 이것은 피부를 촉촉하게 만드는 보습과 습윤제 역할을 하며 피부·헤어 컨디셔닝젤 등 화장품과 샴푸의 원료로 폭넓게 쓰인다. 하이드롤라이즈드 콜라겐 화장품은 피부세포의 섬유질 밀도를 극대화해 젊고 윤기 나는 피부를 만들어주고 주름을 잡아주는 역할을 해서 주름을 예방한다. 샴푸의 경우 머릿결의 활력을 더하고 정전기 방지에 도움을 줄뿐 아니라 모발도 건강하게 해준다. 그 외에 네일 쪽에서는 손톱 건강을 관리하는 용도로 사용한다.

# 알란토인, 스테로이드 대체물질

컴프리

① 피부 진정
② 스테로이드 대체 물질
③ 비듬 제거
④ 컨디셔닝제 활용

알란토인Allantoin은 컴프리Comfrey, 상수리나무, 밀의 싹, 사탕나무에서 추출한 천연 성분으로 5-우레이도히단토인5-Ureidohydantoin이라고도 불린다. 이것은 분자 구조에 질소N가 들어가는 헤테로사이클릭Heterocyclic 화합물로 피부 진정과 트러블 완화 효과가 뛰어나다. 화장품은 물론 제약회사에서도 안전성을 인정받아 치료제의 원료로 사용하는 성분이다.

천연물질인 알란토인은 현재까지 알레르기 반응이나 부작용 등 피부 자극 사례가 없어 어린아이도 사용할 수 있다. 특히 아토피나 가려움증에 스테로이드제제 대체물질로 사용하기도 한다. 이것을 화장품 원료로 사용하는 이유는 각질을 용해해 없애는 역할과 피부 상처조직에 수분을 공급해 상처 치유를 증진하는 기능을 하기 때문이다. 두피의 각질도 없애주어 비듬 제거 목적으로 헤어 컨디셔닝제 등에 많이 쓰인다. 주로 치약·양치질약 같은 구강 위생제품, 샴푸, 여드름약, 햇볕에 탄 피부를 진정시키는 크림, 화장 크림 등에 사용한다.

## 07 병풀 추출물, 상처 치유 및 마데카솔의 주원료

**병풀 추출물의 7가지 작용**

① 상처 회복
② 피부 건강
③ 신경 안정
④ 항산화 작용
⑤ 모발 건강
⑥ 면역력 강화
⑦ 해열 작용

병풀

일명 호랑이풀로 불리는 병풀Centella Asiatica은 호랑이가 상처가 났을 때 몸을 비벼 상처를 치유할 정도로 효능이 있다. 화장품과 의약품 분야에서 널리 사용하며 상처가 났을 때 바르는 마데카솔의 주원료이기도 하다.

따뜻하고 습기가 많은 지역에서 잘 자라며 한국에서는 제주도와 남쪽 섬 지방의 산과 들에서 흔히 볼 수 있다. 효능이 다양해 연고 치료제나 염색약 같은 의약 제품부터 화장품의 클렌징, 핸드크림까지 다양한 제품에 쓰이고 있다.

## 아데노신
식약처에서 주름 개선 기능성을 고시한 원료로 고가의 화장품에만 쓰인다.

아데노신Adenosine은 아데닌(유전자를 이루는 핵산)에 리보스당(유전자에 붙어 있는 단당류)이 결합한 'ATP' 화합물이다. 모든 생물은 아데노신에 인산이 결합한 곳에 에너지를 저장한다. 우리가 3대 열량 에너지인 탄수화물, 지방, 단백질을 섭취하면 여기에서 열량을 보유한 에너지만 추려 사용하기 위해 저장하는데 이때 아데노신에 인산이 결합한 곳에 저장한다는 말이다.

이것은 음식(에너지)을 전기(인산) 콘센트와 연결된 냉장고(아데노신)에 저장하는 셈인데, 이를 ATP(아데노신3인산)라고 한다. 만약 다른 곳으로 이동해야 한다면 냉장고 코드를 다른 장소에 꽂을 경우 언제든 냉장고를 사용할 수 있듯, 준비된 ATP를 필요한 곳으로 옮겨 에너지를 만들고 인산기를 떼어낸다. 이는 냉장고의 음식을 꺼내면 더 이상 냉장 기능이 필요 없어 전기코드를 뽑는 것과 같다.

아데노신은 미국 매사추세츠 의과대학에서 연구 개발한 특허 성분으로 상당히 고가라서 일반 화장품에 사용하기에는 가격 부담이 큰 원료다.

### 아데노신의 역할

① 바르자마자 피부 속으로 흡수된다.
② 고기능성 주름 개선 원료다.
③ 0.04퍼센트 함유 시 고기능성을 인정한다.
④ 세포의 성장, 분화에 직접 관여한다.
⑤ 피부 노화 예방 효과가 있다.
⑥ 콜라겐 합성을 돕는다.
⑦ 세포 자생력을 키워준다.

그러나 케어셀라에서는 피부 문제로 고민하는 많은 사람에게 만족할 만한 가성비로 저렴하게 공급하고 있다. 아데노신은 고기능성 주름 개선 원료로 0.04퍼센트 이상만 함유하면 기능성 화장품으로 인정을 받는다. 아주 적은 양으로도 주름 개선 효과를 느낄 수 있으며 안전하면서도 지속적으로 다양한 생리적 기능을 담당하는 신경전달물질에 속한다.

바르자마자 피부 속으로 빠르게 침투해 세포를 활성화하기 때문에 생명을 위협하는 부정맥에서도 응급 약물로 아데노신을 사용한다. 아데노신은 모든 생물체에 존재하는 물질로 세포 성장과 분화에 직접 관여한다. 따라서 아데노신을 사용하면 진피층 내 단백질과 콜라겐 합성을 돕고, 세포 증식과 자생력을 키우는 물질로 작용해 피부 노화도 예방해준다.

최근에는 탈모와 모발 성장에도 아데노신이 관여하고 있음을 입증하는 연구가 속속 발표되고 있다. 어쩌면 머지않아 아데노신을 활용한 모발 기능성 화장품이 대거 등장할지도 모른다.

# 진세노사이드(Rg2)

Rg1 : 항혈전, 항피로, 면역 기능 강화
Rb1 : 진정 효과, 항건망증
Rb3 : 암세포 전이 억제, 항염증, 항암제 내성 억제
**Rg2 : 주름 개선, 피부 건강 증진**

진세노사이드Ginsenoside(Rg2)는 홍삼에 들어 있는 대표적인 사포닌 배당체Glycoside를 일컫는 말로 약리 성분이 있는 물질이다. 홍삼 사포닌 38가지는 종합적으로 볼 때 인체에 5가지 효과가 있는 것으로 확인되었다. 그중 Rg2는 피부 주름 개선과 항산화에 특별히 기여하고 활성화해 화장품의 원료로 쓰인다. 그렇지만 고부가가치 원료로 극미량만 사용해도 고가로 판매해야 하는 단점이 있다.

전 세계에서 유일하게 한국에만 한방화장품이 있고 홍삼을 화장품에 활용하는 곳도 한국뿐이다. 이것은 그만큼 국민이 홍삼에 애정이 많다는 것을 방증한다. 그러나 추출하는 양이 적어 일부에서만 사용해왔는데 케어셀라 미생물 컨버전 기술로 진세노사이드를 대량 추출하면서 많은 제품에 원료로 사용하고 있다. 덕분에 일반 Rg2의 기대 효능을 능가하면서도 저렴한 가격으로 소비자 만족도를 높여 가심비가 뛰어나다.

# 콩 피토플라센터, 진피 단백질 화합물의 영양 공급

콩 피토플라센터Glycine Soja(Soybean) Phytoplacenta는 말 그대로 콩에 존재하는 식물성 태반 성분을 추출해 얻은 원료다. 이것은 체내에서 단백질 구조를 보이는 콜라겐과 엘라스틴을 생성하도록 영양분을 공급해 손상된 피부 회복에 도움을 준다. 식물성 태반이라 동물성 태반보다 더 안정적이고 부작용이 없다는 것이 커다란 장점이다. 사람으로 치면 성장 줄기세포에 해당할 만큼 중요한 성분으로 에너지가 강력하다.

진피 화합물이 제자리를 찾아 단단한 구조를 형성할 때 필요한 성분이 바로 에스트로겐이다. 에스트로겐은 여성호르몬으로 불리지만 더 넓게는 세포를 튼튼하게 하고 영양소 흡착과 이동을 돕는 역할을 한다. 콩에는 에스트로겐이 풍부하며 특히 젊음을 안겨주는 선물로 알려진 콩 에스트로겐은 다방면에 사용하는 좋은 성분이다.

콩 피토플라센터에는 이소플라본Isoflavone 성분이 풍부하게 들어 있다. 이소플라본은 항산화 작용을 하는 다이드제인Daidzein을 많이 함유하고 있어 체내에서 에스트로겐과 결합해 뼈, 피부, 장기의 대사 기능에 도움을 준다. 에스트로겐과 결합한 구조라고 해서 피토플라센터Phytoplacenta(식물 태반)로 불리기도 한다. 혹자는 여성질환에 콩의 에스트로겐이 영향을 미칠까 걱정하기도 하지만 콩의 이소플라빈에 호르몬 효과는 없다. 피부 탄력, 몸의 근력 강화가 목적이라면 콩 피토플라센터가 들어 있는 제품을 적극 추천한다.

# 헥산디올, 파라벤 대체 천연방부제

화장품은 개봉하자마자 공기 중의 세균과 바이러스에 오염이 시작된다. 많은 회사가 각국이 고시한 방부제 함량에 따라 값싼 석유계 화학방부제 파라벤을 널리 사용한 이유가 여기에 있다. 그런데 최근 화학방부제가 인체에 좋지 않은 영향을 끼친다는 인식이 커지자 소비자들은 보다 안전한 화장품을 찾기 시작했다. 소비자가 화장품 성분을 꼼꼼히 들여다보면서 여러 회사가 소비자의 입맛에 맞는 안전한 천연방부제를 찾았으나 천연방부제는 고가이고 석유계보다 보존율과 방부 능력이 다소 떨어진다는 문제가 있었다. 그 틈새를 파고들어 개발한 것이 바로 보습제이자 보존제 역할을 하는 헥산디올Hexanediol이다.

헥산디올을 처음부터 대체 천연방부제로 개발한 것은 아니다. 본래 항균과 보습제로 개발한 것이지만 방부 효능이 뛰어나다는 것이 밝혀지면서 지금은 거의 모든 화장품과 헤어제품의 천연방부제 원료로 사용하고 있다.

식약처도 방부제라기보다 방부제 역할을 하는 성분으로 분류하고 있으며 1~3퍼센트의 헥산디올 배합으로 최대 6개월 정도 방부 효과를 낸다. 물론 파라벤이 약 0.4퍼센트만 배합해도 같은 기간 동안 방부 효과를 내는 것에 비하면 여전히 가격 차이가 5배 이상 난다. 현재 헥산디올의 방부제 역할을 하는 원료는 1, 2-헥산디올이다.

# 금불초(선복화), 주름 개선과 미백

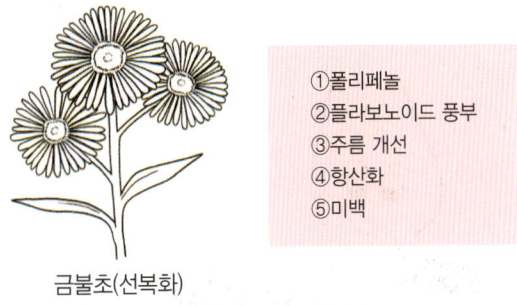

①폴리페놀
②플라보노이드 풍부
③주름 개선
④항산화
⑤미백

금불초(선복화)

  국화과에 속하는 금불초金佛草는 식용이 가능해 국거리용 재료로 쓰인다. 최근 연구에서 금불초가 항산화 작용을 하고 피부 주름 개선에 효과가 있다는 것이 밝혀지면서 제약회사와 화장품업계가 금불초 추출물을 이용하고 있다.

  생화일 때는 금불초라 부르지만 말리면 선복화旋覆花로 부르며 한약제로 사용한다. 금불초는 한국, 일본, 중국 등지에서만 서식하는데 특히 한국에서 효능 연구가 가장 활발하게 이뤄지고 있다. 한 연구 논문은 금불초에 항산화물질 폴리페놀과 플라보노이드가 풍부해 활성산소로 인한 주름 개선에 탁월하고 미백 효과도 높은 기대치를 충족시킨다고 보고했다. 성분이 좋다는 것은 확실하지만 현재까지는 일부 화장품 원료로만 사용 중이며 대중화하기까지 다소 시간이 필요할 듯하다.

# 세라마이드, 피부장벽의 접착제

피부세포 중 표피 각질층에서 각질과 각질 사이에 존재하는 세라마이드Ceramide는 피부의 수분 손실을 방지하고 외부로부터 인체를 지키는 지질막 성분의 50퍼센트를 차지하는 물질이다. 각질은 피부의 맨 마지막 단계에 있고 벽돌 모양이라 '피부장벽'이라 부른다.

집을 지을 때 벽돌만 쌓는 게 아니라 벽돌 사이에 시멘트를 채워 고정하면 충격이 가해져도 쉽게 무너지지 않는 것처럼 그 시멘트 역할을 하는 것이 바로 세라마이드다. 세라마이드는 피부에서 자연적으로 발생하는 천연 성분이지만 지금은 기후 변화와 대기오염으로 피부의 세라마이드가 현저히 줄어든 상태디. 따리서 화장품 등을 사용해 외부에서 물리적 지원으로 보호해야 한다.

　최근 쌀, 미강, 우유 등에서 추출한 천연유래 성분의 세라마이드 사용이 증가하는 추세에 있다. 각질피부는 보통 10~20㎛ 두께의 얇은 막상 구조로 약 30퍼센트의 수분을 함유하고 있는데, 수분 함량이 30퍼센트 밑으로 떨어지면 피부는 건조해지고 각종 피부질환이 발생한다. 각질의 수분 손실은 세라마이드뿐 아니라 수분을 유지해주는 천연보습인자NMF, Natural Moisturizing Factor(일명 소듐 PCA)인 아미노산, 요소, 젖산, 피로리돈카르본산 문제로 나타나기도 한다. 피부 관리를 한두 가지 성분으로만 논하기 어려운 이유가 여기에 있다.

　세라마이드의 분자 구조는 물을 끌어안는 친수성親水性과 물을 밀어내는 소수성疏水性으로 이뤄져 있다. 친수성으로 수분을 끌어안아 수분 함량 균형을 맞추고 소수성으로 수분 이동을 막아 보습의 지속력을 높인다. 결국 표피 피부의 세라마이드는 각질세포 기능에서 결정적 역할을 한다.

만약 세라마이드가 부족하면 수분 부족으로 피부가 건조해지는 것은 물론 장벽이 약해져 주름이 지며 세균이나 바이러스 침투에 취약해 아토피, 피부면역질환에 노출된다. 학계도 건조한 피부와 아토피 피부는 세포 간 지질 내의 세라마이드 양이 감소하면서 피부의 수분 손실이 커져 피부장벽 기능에 이상이 생기는 탓에 발생한다고 주장한다.

물론 피부는 세라마이드 부족 현상이 발생하기 전에 피부장벽의 지질 성분인 콜레스테롤과 유리지방산으로 피부장벽을 보호한다. 특히 유리지방산은 피부의 pH를 약산성으로 유지하는 역할을 한다. 세라마이드가 활발하게 활동하고 각질층을 보호하려면 한 가지 조건을 더 충족해야 하는데 그것은 바로 약산성 환경이다.

피부가 약산성을 유지하지 못하면 세라마이드 공급이 약해져 피부장벽이 무너진다. 다시 말해 세라마이드는 피부가 약산성일 때 가장 활발하게 피부각질을 보호한다. 세라마이드 분비를 촉진하는 베타-글루코세레브로시다아제$\beta$-Glucocerebrosidase 효소가 약산성에서 활동이 증가하기 때문이다. 그뿐 아니라 세라마이드와 세라마이드 관련 화합물은 피부 내 세포물의 성장, 분화, 사멸과 관련된 신호를 조절하는 등 또 다른 중요한 기능도 담당한다.

## 14
# 시어버터, 보습 효과와 피부 연고

① 보습제
② 상처, 염증 완화
③ 모발보호
④ 관절염 치료제

시어트리 열매

  시어버터 혹은 셰어버터Shea Butter는 약노란색 색상의 지방산 추출물로 아프리카에서 자라는 시어트리 열매에서 추출한다. 열매에서 추출한 원료는 보습 효과를 위해 주로 화장품 등에 첨가한다. 그 외에 연화제로도 사용하고 리놀레산, 아라키돈산, 비타민 A, 비타민 E를 함유하고 있어 작은 상처와 염증 완화에 도움을 준다. 또 자외선 차단 효과가 있기 때문에 피부와 모발 보호에도 사용한다.

  피부에 잘 흡수되어 수분과 영양을 공급하므로 건성피부용 연고제와 립밤, 핸드크림용으로 사용하는 천연화장품이다. 시어버터는 화장품뿐 아니라 여러 용도로 폭넓게 활용한다. 향기와 맛이 좋아 서부아프리카에서는 식용으로 쓰는데 코코아와 섞어서 먹거나 초콜릿을 만들 때 코코아버터 대용품으로 이용한다.

  지금도 원주민은 선크림 용도나 신생아 피부 보호용, 벌레에 물렸을 때, 아토피 치료제, 피부염 치료제로 쓰고 있다. 의약품으로는 류머티슴 지료세로 사용한다.

# 라벤더 오일, 피부 진정

라벤더

① 여드름, 아토피 도움
② 향료
③ 벌레 물린데 사용
④ 통증 완화
⑤ 우울증, 불면증,
⑥ 스트레스 해소
⑦ 피부진정

최근 식물성 천연오일이 인기를 끌면서 오일로 마음과 몸을 치유하고 안정화하려는 사람이 늘고 있다. 오일 문화는 오래전에 형성되었지만 요즘 우리 곁으로 더 가까이 다가온 느낌이다. 그 중심에 있는 것이 우리 귀에 익숙한 라벤더 오일Lavender Oil이다.

'씻어내다' 라는 뜻의 라틴어 라보Lavo에서 유래한 라벤더는 원산지가 남유럽 지중해 연안이다. 본래 라벤더는 향수용 오일로만 알고 있었으나 이제는 화장품 원료를 넘어 향료, 여드름과 아토피 치료용 그리고 벌레에 물렸을 때 바르는 용도로도 쓰이고 있다.

특히 정신 안정에 좋아 우울증, 불면증, 스트레스 해소에도 사용하며 근육통을 비롯한 통증 완화에도 널리 애용하고 있다. 역사적 기록을 보면 왕족이 목욕할 때 피로 회복과 신경 안정을 위해 사용했다고 나온다.

# 다마스크장미 오일

장미

① 컨디셔닝
② 피부진정
③ 아로마테라피
④ 항산화

'꽃의 여왕'이라 불리는 장미는 그 이름에 걸맞게 오일까지도 많은 관심과 애정을 받고 있다. 다마스크장미 Rosa Damascena는 원산지가 터키이며 고대부터 재배해 사용해오던 허브 식물이다.

최근 다마스크장미가 화장품 원료로 많이 쓰이면서 피부의 컨디셔닝과 활력 있는 피부를 가꾸는 데 효과를 내고 있다. 또 장미 특유의 진한 향기 덕에 스트레스를 낮추고 숙면에 도움을 주는 아로마테라피 향료로도 쓰인다. 여기에다 비타민 A, 비타민 C, 안토시아닌 성분이 풍부해 항산화 작용은 물론 토코페롤과 콜라겐 생성을 돕는 역할로도 알려져 있다.

# 사해소금

소금Salt의 어원은 라틴어 Sal이며 Salary(샐러리)는 고대 로마에서 병사들에게 급여를 소금으로 준 것에서 파생한 단어다. 당시 소금은 화폐로 사용했을 만큼 귀한 존재였다.

인체에서 다섯 번째로 많은 비중(0.15퍼센트)을 차지하는 미네랄에 속하는 나트륨(소금)은 세포 밖에 50퍼센트, 뼈의 인산에 40퍼센트, 세포 안에 10퍼센트가 분포해 있다. 이렇게 분포해 몸의 산·알칼리 균형을 잡아주는 소금은 신경계전달물질, 전해질 농도 등 건강 항상성에 꼭 필요한 물질이다. 소금은 음식과 물의 흡수·배출을 도와주는 역할도 한다.

한국에서는 예부터 잇솔질에 소금을 활용해왔고 잇몸질환을 치유하거나 구강 건강을 도모할 때도 이용했다. 지금도 소금을 원료로 한 치약이 시중에서 팔리고 있다.

소금의 종류는 다양한데 미네랄이 풍부해 피부미용에 사용하기 좋은 소금 중 하나가 사해소금이다. '사해'라는 말 그대로 죽은 바다 Dead Sea는 이스라엘과 요르단에 걸쳐 있으며 해수면보다 400미터 낮아 지구의 육지 중 가장 고도가 낮은 곳에 속한다.

기온이 50도까지 올라가는 여름에는 물이 증발하면서 하얀 소금기둥이 생기고 물 위에는 소금덩어리가 떠다닌다. 그 농도가 대양에 비해 6배나 높으며 칼륨, 마그네슘, 브롬을 함유하고 있어 피부미용 재료로 널리 쓰인다.

　소금은 피부를 보호하는 기능을 한다. 또 외부의 이물질과 병원균 침입을 막아주는 장벽을 튼튼하게 세울 뿐 아니라 피부를 소독하고 청소해 맑은 피부를 유지하는 데 도움을 준다. 그뿐 아니라 피부의 pH 작용으로 피부 항상성 유지에도 기여한다.

# 판테놀, 피부 상처와 피부염 도움

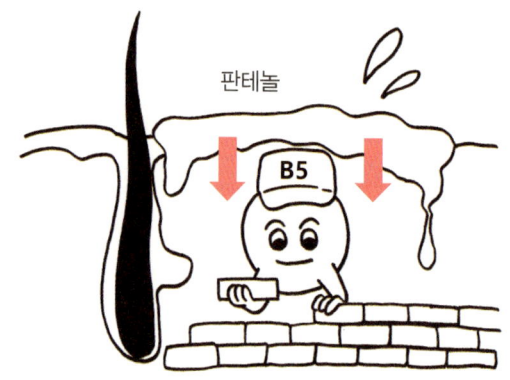

판테놀은 피부에 흡수되면서 비타민 B5로 전환된다.

① 강력한 수분자석  ② 수분 유지  ③ 상처 치유
④ 항염  ⑤ 피부장벽 개선  ⑥ 세포막 형성

수분자석이라 불리는 판테놀Panthenol은 그 자체로 쓰이기보다 피부로 흡수된 뒤 비타민 B5(판토텐산)로 바뀐 다음 쓰이는 유도체로 봐야 한다. 판테놀은 판토텐산보다 더 안정적인 배합이 가능하고 피부 침투력이 우수하다. 이러한 판테놀이 비타민 B5로 바뀌면 피부의 수분을 유지하고 소실을 막아 윤기와 보습을 돕는다.

피부 재생 기능이 있어서 상처 치료에 효과적이기 때문에 의약품과 안약제로 널리 쓰이는 원료이기도 하다. 화장품 원료로는 스킨케어와 헤어 제품에 흔히 쓰이며 탈모와 여드름에도 사용한다.

# 히비스커스 추출물, 3세대 각질제거제

히비스커스

① 피부 각질제거
② 피부 컨디션
③ 맑은 피부톤
④ 탱탱한 피부 유지

찻집에서 붉은색을 띠는 차茶 종의 하나로 인식하는 히비스커스는 로젤Roselle 혹은 히비스커스 사브다리파Hibiscus Sabdariffa라고 부르는 종이다. 기원전 4000년 전부터 아프리카 지역에서 약재로 사용해왔는데, 히비스커스는 이집트 신화 속 미의 여신 히비스Hibis와 그리스어로 '닮다'를 뜻하는 이스코Isco의 합성어다.

서양에서 관상용으로 많이 키우는 히비스커스는 한국말로 하와이무궁화Hawaiian Hibiscus라고 부르며 그 추출물이 화장품 성분으로 들어가면서 피부 각질제거제로 쓰이고 있다. 특히 일반적인 세포의 턴오버(죽은 세포가 떨어져 나가고 새로운 세포가 올라오는 것)를 강하게 촉진하는 박리각질제 AHA나 BHA보다 자극이 적고 보습력이 좋아 AHA와 BHA의 3세대 대체물질로 인정받고 있다.

또한 피부 온도를 조절해 피부를 진정시키는 효과도 있는데, 구체적으로 말하면 에너지 대사 중간물질인 피루브산Pyruvic Acid이 5퍼센트 들어 있어 컨디셔닝 에너지 주기를 관리해주는 덕분에 피부 진정과 독소 배출에 유용하다.

# 레시틴, 피부세포 보호막 도움

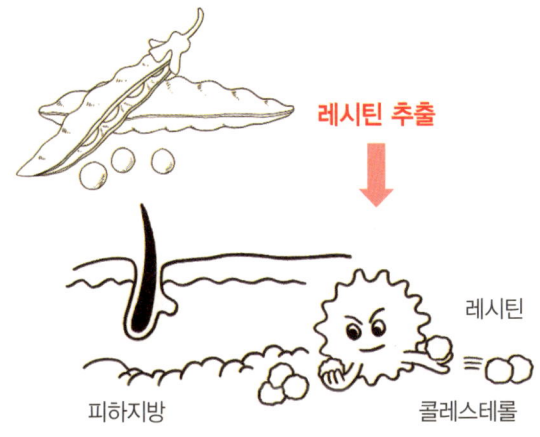

 그동안 간 건강에 도움을 주는 성분으로 인식해온 레시틴Lecithin은 최근 화장품 원료로 쓰이면서 더욱 각광을 받고 있다. 레시틴은 세포막을 구성하는 지질의 50퍼센트를 차지하는 성분 중 하나로 습진 같은 피부질환에 사용한다.
 피부의 피하지방에 콜레스테롤이 많이 발생하면 셀룰라이트Cellulite가 생긴다. 이는 피하지방의 지방이 이동하지 못하게 촘촘히 콜레스테롤(LDL)로 묶어서 생기는 현상이다. 콜레스테롤 감소 효과를 내는 레시틴은 피부의 셀룰라이트를 제거하는 것은 물론 피부 세포막을 강화해 피부장벽과 장력을 높이는 역할을 한다.
 화장품 원료로 사용할 때는 레시틴에 수소H를 첨가하는데 이를 하이드로제네이티드레시틴Hydrogenated Lecithin이라 한다. 하이드로제네이티드레시틴은 계면활성제, 유화제, 피부 컨디셔닝제로 폭넓게 사용한다.

> 원료부터 완제품까지 모든 과정을 원스톱 시스템으로 만드는 케어셀라는 수십 가지 특정 성분을 배합해 시장에서 독보적인 위치를 차지하고 있다.
> 그 위치에서 케어셀라는 상위 1퍼센트만 누리던 것을 누구나 공평하게 누릴 수 있도록 기회를 제공한다.

# 05

# 케어셀라에
# 담긴 특별한 성분

| 풀러린, 세상에서 가장 비싼 원료 | ALA, 피부와 생명활동 물질
| 보르피린, 주름 개선과 가슴크림 효능 | 디펜실, 민감성 피부 안정제
| 아데닌, 주름 개선 기능성 원료 | 유리딘, 세포를 활성화하는 5세대 화장품 원료
| GF복합체, 성장인자 | Finexell-T11, 프리미엄 주름 개선
| Tranexell-V10, 프리미엄 미백 | 베타글루칸, 히알루론산보다 20퍼센트 이상의 보습력
| 알로에베라잎수, 예민한 피부 진정 | 베타인, 글리세린보다 강력한 보습 효과
| 드래곤스블러드, 상처 치유 | 프로폴리스, 피부 면역 | 트레할로스, 피부 보습
| 아르기닌, 콜라겐 합성으로 강력한 피부 탄력 증진

# 풀러린, 세상에서 가장 비싼 원료

1996년 노벨화학상을 받은 최고의 항산화 안티에이징 물질이다.

### 고가 원료 리스트

| No. | 이름 | 설명 | 가격/1그램당 |
| --- | --- | --- | --- |
| 1 | 풀러린 | 탄소동소체 | 약 1,790억 원 |
| 2 | 캘리포늄 | 중성원자 | 약 300억 원 |
| 3 | 다이아몬드 | 탄소광물질 | 약 6,100만 원 |
| 4 | 트리튬 | 수소방사능 | 약 3,300만 원 |
| 5 | 타파이트 | 희귀보석 | 약 2,200만 원 |
| 6 | 페이나이트 | 희귀광물질 | 약 1,000만 원 |
| 7 | 플루토늄 | 핵물질 | 약 450만 원 |
| 8 | LSD | 합성환각제 | 약 330만 원 |
| 9 | 코카인 | 마취제 | 약 24만 원 |
| 10 | 헤로인 | 진정제 | 약 14만 원 |
| 11 | 금 | 구리족금속 | 약 5만 원 |

1985년 처음 발견한 풀러린Fullerene은 현존하는 화장품 원료 중 가장 비싸며 합성에 성공해 1996년 노벨화학상을 수상하게 한 물질이다. 우주공간에 존재하며 탄소원자 60개로 이뤄진 풀러린은 특히 나노테크놀로지 분야에서 인기가 있고 현재 전자, 의약, 화장품 등 폭넓은 분야에서 활용하고 있다. 하지만 워낙 고가품이라 대중적으로 사용하기에는 부담스러운 물질이다.

풀러린을 원료로 사용하는 화장품은 미량을 사용해도 상당한 고가일 수밖에 없으나 케어셀라는 저렴한 가격으로 대중에게 다가가고 있다.

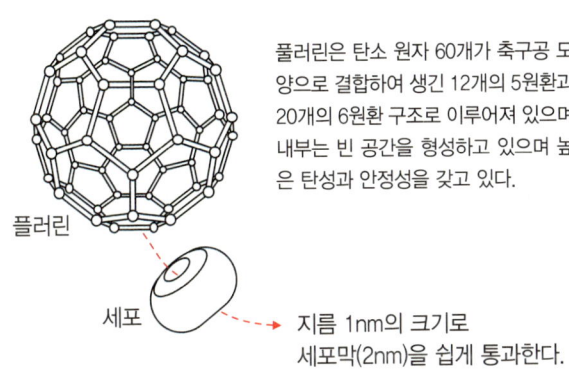

풀러린은 탄소 원자 60개가 축구공 모양으로 결합하여 생긴 12개의 5원환과 20개의 6원환 구조로 이루어져 있으며 내부는 빈 공간을 형성하고 있으며 높은 탄성과 안정성을 갖고 있다.

플러린

세포

지름 1nm의 크기로 세포막(2nm)을 쉽게 통과한다.

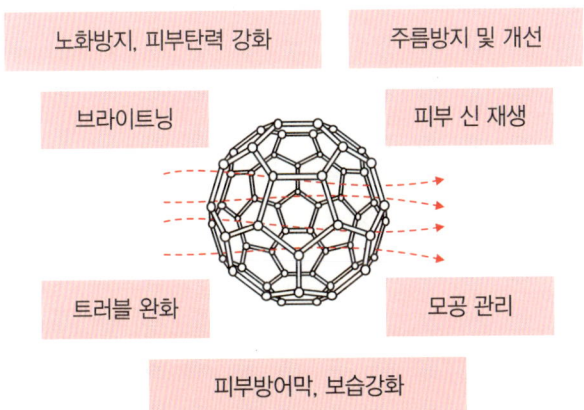

강한 항산화 기능으로 활성산소를 다량 흡수해 피부 산화를 방지하고 노화에 의한 멜라닌 생성을 컨트롤 하며 높은 온도, 강력한 자외선 등 다른 환경에서도 모든 종류의 활성 산소와 프리라디칼에 대한 산화(노화) 방지 효과를 24시간 이상 보인다.

풀러린의 소재는 탄소로 지름이 약 1나노미터(nm)이며 축구공 형태의 타원형 구조다. 미국 건축가 버크민스터 풀러Buckminster Fuller의 돔 구조물과 닮았다고 해서 흔히 '버키볼Buckyball'이라 불리는데 내부가 텅 비어 있어 탄성이 강하다. 따라서 외부 충격이나 고열에 안정적이며 입자가 아주 작아 세포 속을 쉽게 통과한다.

일반 물질은 소립자인 양성자·중성자·전자로 이뤄져 있지만 풀러린은 그와 반대인 반입자, 즉 반양성자·반중성자·양전자로 이뤄진 반물질Antimatter에 속한다. 입자가속기로 반물질의 존재는 확인했으나 지금까지 만들어낸 분량이 1경분의 1그램에 불과해 지구상에서 가장 비싼 원료에 속한다.

풀러린은 자외선에 높은 지속성과 안정성을 지니고 있다. 또 피부표면을 덮고 있는 유분 기능을 회복하는 효과가 있고 아토피나 피부 건조 같은 피부 트러블에도 좋다. 자외선과 외부 자극에 멜라닌 생성을 억제하는 효과가 있어 미백 효과가 뛰어나고, 이미 생긴 기미를 연하게 해주는 효과도 있다. 여기에다 피지 산화를 억제해 여드름 예방과 검버섯 등에도 효과가 있으며 늘어진 모공을 좁혀준다.

화장품에 들어가는 풀러린에는 수용성과 지용성 그리고 양쪽을 배합한 것으로 세 종류가 있다.

## 02
# ALA, 피부와 생명활동 물질

ALA는 생명활동의 필수 요소로 최근 공학, 의학, 농업 등 다양한 분야에서 활용하고 있다. 이 ALA는 아미노레불리닉 애시드Aminolevulinic Acid의 약자로 동식물의 세포 속에 존재하는 아미노산의 일종이다. "생명은 피에 있다"는 말처럼 생명활동에서 혈액은 매우 중요한데, 그 혈액은 헤모글로빈의 영향으로 붉은색을 띤다. 이 붉은색을 띠게 하는 성분이 바로 헤모글로빈의 전구물질인 포르피린Porphyrin이다. 그 포르피린을 합성하게 하는 물질이 ALA다.

이처럼 생명활동의 근원 물질이라고도 불리는 ALA는 세포 속 미토콘드리아에서 생명활동에 주요 역할을 담당한다. 또 고순도의 ALA는 성장을 촉진하는 것은 물론 암을 억제하는 데도 쓰인다.

최근 화장품 조성물로 사용하는 ALA가 큰 관심을 받는 이유는 혈액의 건강을 돕고 세포 재생에 관여하면서 피부장벽 강화에 따른 보습 효과로 여드름을 치유하고 아토피 개선에 탁월한 효과를 내기 때문이다. 여기에다 미백 효과를 강화하고 비타민 B12의 생합성 전구체로서 항산화 효과까지 내고 있다.

이처럼 ALA는 신진대사 과정에서 세포 구석구석까지 도달해 건강한 피부를 유지해주지만 나이가 들어 ALA 양이 부족해지면 피부 노화가 시작된다. 피부 노화는 여러 환경적 요인이 복잡하게 작용해서 일어나므로 단편적인 예로만 설명한 수는 없다. 그러나 신체 기능이 떨어지고 모든 장기가 퇴화하는 그 중심에 ALA가 있다는 것은 과학적으로 밝혀진 사실이다.

## 03
# 보르피린, 주름 개선과 가슴크림 효능

**지모 추출물**
지모의 뿌리에서 추출한 사르사사포케닌은 지방세포와 상호작용하며 지방세포의 분열과 성장을 촉진

호르몬에 영향을 주지 않는 피토스테롤로써 부작용 염려 없이 다양하게 활용이 가능하다.

백합과 식물 지모
(학명 Anemarrhena Asphodeloides Bunge)

 여성의 가슴 확대 성분으로 더욱 유명해진 보르피린Volufiline은 세계적인 화장품 원료회사 프랑스 세데마Sederma사가 공급하는 주름 개선용 원료다. 보르피린은 크게 두 가지 성분으로 배합하는데 그것은 백합과 식물에 속하는 지모知母 추출물과 하이드로제네이티드 폴리이소부텐Hydrogenated Polyisobutene 성분이다.

 처음에는 지모 추출물이 지방세포와 만나 지방세포 분열과 성장을 촉진하고 활성화해 볼륨감을 높이는 것으로 나타나면서 주름 개선 효과를 위해 연구 개발을 시작했다. 여성이 늙어가면서 가장 걱정하는 것 두 가지는 바로 피부 탄력 감소와 가슴 처짐이다.

## 보르피린 효과를 자체 실험한 세더마의 연구 결과

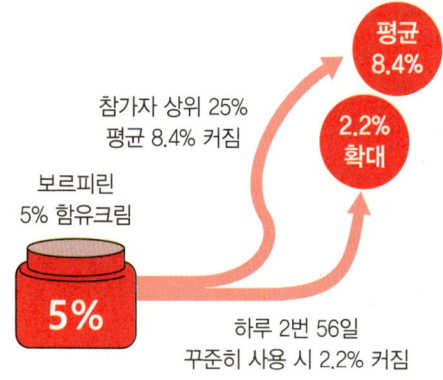

제조사인 sederma에서 보르피린의 효과에 대한
자체 실험을 한 연구

여성은 이것을 흔히 여성의 상징과 아름다움을 잃는 것으로 인식한다. 그 걱정의 해결사로 등장한 것이 보르피린인데 이것은 천연식물 추출물이라 일반 화학 성분의 위험성에서 벗어나 안전성을 담보한다.

우리 몸에서 지방이 가장 많이 분포한 곳이 피부의 피하지방이다. 그 지방은 피부막을 형성하고 피부 결을 윤택하게 해주는 기능을 한다. 지방 소실은 피부 노화를 촉진하는데 보르피린을 사용할 경우 지방세포를 활성화해 지방 소실을 방지해준다. 주름뿐 아니라 지방 덩어리인 가슴의 탄력과 볼륨업 그리고 크기에도 관여한다.

한마디로 보르피린은 주름 개선 효과와 가슴크림 효능을 한 번에 볼 수 있는 특장점을 지니고 있다.

## 04
# 디펜실, 민감성 피부 안정제

### 디펜실 성분을 함유한 주요 식물

**풍선덩굴**
오메가3 추출
알러지 등 민감성 피부의
피부발진 성분

**블루위드**
오메가6 추출
피부염증 등
피부장벽을 위한 성분

**해바라기**
비타민E 추출
피부진정, 재생 지질과 산화
감소작용 성분

디펜실Deffensil은 고유 명칭이며 스위스 RAHN사에서 개발한 피부재생 메커니즘 원료다. 피부장벽과 항상성을 높이고 보호하는 천연유래 성분을 사용하며 민감한 알레르기성 피부에 도움을 준다.

디펜실 안에는 세 가지 식물 원료가 배합되어 있다.

① 풍선덩굴Balloon Vine은 학명이 Cardiospermum으로 잎의 가장자리에 뾰족한 톱니가 있어 피부에 사용할 때 가렵고 따끔거림이 발생한다. 이것은 알레르기성 피부 발진에 사용하는 원료다.

② 블루위드씨 오일에는 피부 염증에 반응해 피부장벽을 보호하는 오메가-3가 풍부하게 들어 있다.

③ 불검화 해바라기씨 오일의 비타민 E와 스쿠알렌 성분은 피부 진정과 재생에 작용한다.

이 세 가지 디펜실 삼총사가 피부 건강에 도움을 준다.

## 05 아데닌, 주름 개선 기능성 원료

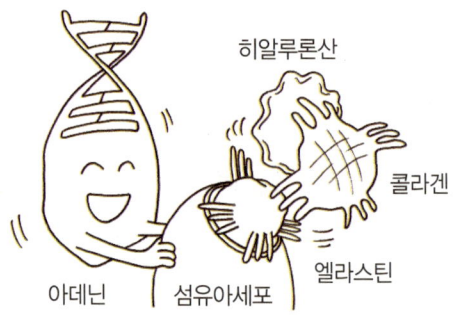

진피세포는 스스로 콜라겐, 히알루론산, 엘라스틴 합성을 촉진해
피부 주름을 개선하는데 아데닌은 여기에 도움을 주는 기능성 화장품 원료다.

아데닌Adenine은 세포 속 DNA를 구성하는 물질로 식품의약품안전처에서 규정하는 '피부 주름 개선에 도움을 주는 기능성 화장품 원료'다. 이것은 모든 신진대사가 원활하게 이뤄지는 데 결정적인 역할을 하는 주요 요소 중 하나이며, 세포 속으로 빨리 침투해 진피층의 섬유아세포 증식을 강화함으로써 단백질 합성을 촉진한다. 아데닌의 영향을 받은 진피세포는 스스로 콜라겐·히알루론산·엘라스틴 합성 활동으로 세포 분화, 항염증, 상처 치유 등 피부 건강에 유익한 기능을 한다.

기존에는 주름 개선용으로 주로 레티놀을 사용했으나 피부 자극이 심한 탓에 지금은 밤낮 구분 없이 사용해도 안정적인 아데닌을 많이 사용한다. 아데닌은 미국 매사추세츠 의과대학에서 연구 개발한 특허품으로 주름 개선에 효과가 뛰어나다.

# 유리딘, 세포를 활성화하는 5세대 화장품 원료

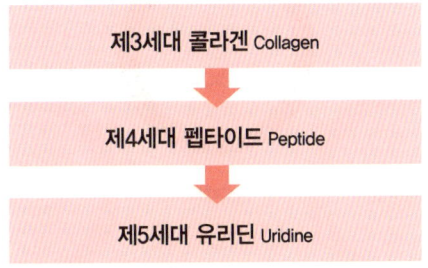

화장품 발전은 탄력을 결정짓는 단백질에 달려 있다.
유리딘은 단백질을 합성하는 RNA의 네 염기 가운데 하나인 우라실Uracil의 원천 물질이다.
결국 우라실이 유리딘, 펩타이드, 콜라겐을 만든다.

어쩌면 과학의 선물을 가장 많이 받는 분야는 화장품업계일지도 모른다. 신물질 발달과 개발로 화장품은 거듭 진화하고 있는데 과거에는 단순히 피부에 윤택만 주었으나 이젠 유전자 핵산까지 파고들고 있다.

그중에는 새로 등장한 5세대 화장품 원료 유리딘Uridine도 있다. 물론 '세대'는 그저 상업적 용어에 불과하지만 이는 시장에서 그만큼 기능과 가치를 인정받아 붙여진 애칭이 아닐까 싶다. 유리딘은 세포 속 유전자에 깊이 관여하는 물질이다. DNA를 구성하는 핵산분자 중 구아닌G과 시토신C은 항상 짝을 이루고 나머지 아데닌A과 티민T은 각기 한 쌍의 짝을 이루며 DNA를 형성하고 있다.

수많은 단백질을 만드는 제조공장인 RNA에는 티민 대신 우라실U 이 있는데 5세대 원료 유리딘은 우라실의 원천 물질이다.

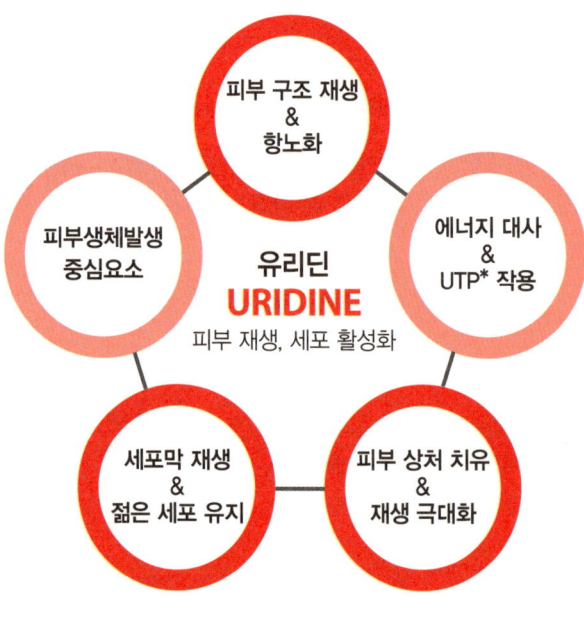

* 유리딘 삼인산UTP, Uridine Triphosphate

유리딘은 RNA를 합성해 간에서 글리코겐Glykogen을 생성하게 하는 에너지원 활성화제 역할을 한다. 또 단당류인 갈락토스Galactose를 포도당으로 전환해 에너지를 만들게 한다. 피부의 히알루론산, 콜라겐, 엘라스틴 등 피부 섬유아세포를 형성하도록 원료를 공급하는 세포 활성화 역할도 한다. 이 같은 기능 덕분에 유리딘은 5세대 화장품 원료로 인정받고 있다.

# GF복합체, 성장인자

성장인자Growth Factor, 즉 GF는 인체 내 성장을 담당하는 물질을 일컫는다. 성장이 멈추면 모든 것이 멈추며 피부세포도 표피성장인자 EGF, Epidermal Growth Factor가 있어야 재생하고 회복해 성장·발육한다.

성장인자는 단백질의 펩타이드로 구성되어 있고 뇌의 시상하부 신호 전달로 성장 속도를 조절하는데, 이때 세포가 모든 성장에 관여한다. 피부를 개선할 때 각질이 떨어져 나가고 새살이 돋는 것 역시 각질세포성장인자KGF의 기능으로 이뤄진다.

GF복합체의 목적은 인체에 다양하게 분포하는 여러 성장인자를 화장품 원료에 담아 촉진, 증식, 치료, 분화를 돕는 데 있다. 대략 표피성장인자의 골骨형성 분화를 촉진하고 섬유아세포성장인자와 혈관내피성장인자의 혈관 신생·분화를 자극한다.

# Finexell-T11, 프리미엄 주름 개선

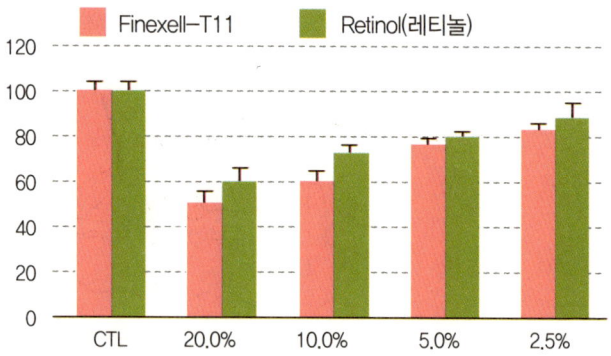

주름 개선 효과가 탁월한 Finexell-T11

　　Finexell-T11은 단백질 유도체로 주름 완화와 노화 방지에 효과적이다. 특히 단독 원료가 아니라 단백질을 합성하는 여러 복합 성분을 혼합한 원료를 사용한다.

　　다른 모든 메커니즘에서 효과를 나타낸 대표적인 혼합물 중 Finexell-T11은 섬유아세포와 각질세포 증식 기능을 한다. 헥사펩타이드-9Hexapeptide-9는 피부 재생을, 트리펩타이드-29Tripeptide-29는 콜라겐 생성을 촉진해 주름 개선과 피부 노화 방지 효과를 낸다. 또한 아세틸헥사펩타이드-8Acetyl Hexapeptide-8은 근육 수축을 줄이는 작용으로 근육을 편안하게 만든다.

　　이처럼 프리미엄급 고가 원료를 사용하기 때문에 다양한 단백질 활동으로 주름 개선과 노화 방지, 상처 회복뿐 아니라 안티에이징 효과까지 낸다.

# Tranexell-V10, 프리미엄 미백

고기능성 원료이자 상위 1퍼센트 이내만 사용한다는 원료 Tranexell-V10은 미백 효과가 탁월하고 세포 노화 방지에도 우수한 능력을 자랑한다. 이것은 케어셀라에서도 프리미엄급에 해당한다.

신물질에 속하는 Tranexell-V10은 멜라닌 생성을 억제하고 피부를 맑게 해주는 기능성 원료다. 상위 1퍼센트 이내만 사용하는 고기능성 원료에 속할 만큼 수준 높은 원료다. 수많은 실험에서 8주 만에 미백과 기미 개선 효과를 입증했으며 자외선으로부터 피부를 보호하는 것은 물론 세포 노화를 방지하는 안티에이징 효과를 낸다.

Tranexell-V10의 작용 순서를 간단히 살펴보면 다음과 같다.

① L-Dopa(신경전달전구체)를 억제한다.
② 이로써 멜라닌 색소를 자극해 기미를 유발하는 티로신Tyrosine 아미노산을 촉진하는 티로시나아제Tyrosinase 효소를 억제한다.
③ 멜라닌 색소 분비 중단으로 기미 완화와 미백 효과를 얻는다.

## 시험군 처방 크림과 대조군 무처방 크림 연구 결과

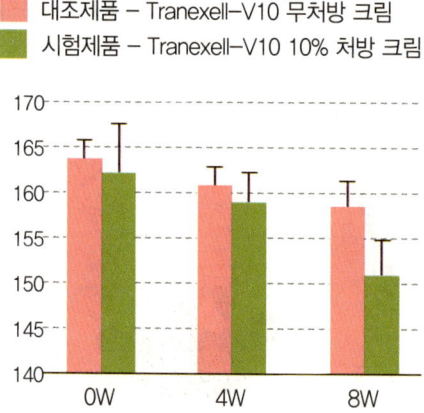

Tranexell-V10은 8주까지 피부톤 개선과 기미 제거에 효과가 있는 것으로 나타났다.

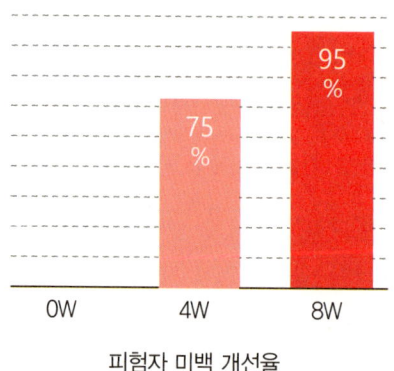

피험자 미백 개선율

세명대학교 한방바이오산업 임상지원센터에서 시험군 'Tranexell-V10 10% 처방 크림'과 대조군 'Tranexell-V10 무처방 크림'을 연구한 결과. 실험 기간은 2016년 12월 16일~2월 10일.

# 베타글루칸, 히알루론산보다 20퍼센트 이상의 보습력

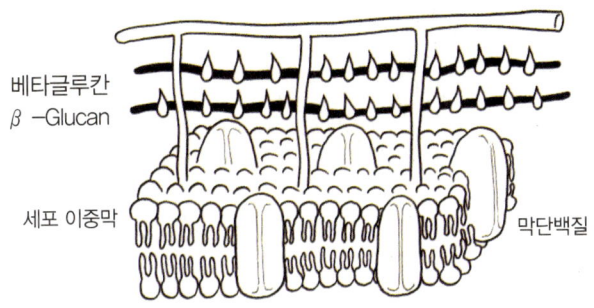

베타글루칸은 히알루론산보다 20퍼센트가 넘는 보습력을 자랑한다. 인체에 무해하고 콜라겐 합성에 작용하지만 대량생산이 어려워 가격이 비싼 원료다.

베타글루칸$\beta$ -Glucan은 본래 뛰어난 항암 효과로 의약품과 기능성 식품으로 각광받던 성분이었다. 이후 과학 발달로 화장품 원료로도 쓰이면서 폭넓게 사랑받는 성분으로 자리 잡고 있다. 하지만 대량생산이 어려워 가격이 비싼 탓에 일반 화장품에서는 사용을 꺼리는 성분 중 하나이기도 하다.

화장품에서 베타글루칸은 고보습력 기능을 한다. 일반적으로 알려진 히알루론산보다 무려 20퍼센트가 넘는 보습력을 자랑한다. 또한 고분자 다당체 복합체로 피부 면역에도 좋아 피부 자가면역질환자들이 반가워하는 원료이기도 하다.

자연의 곡물에서 추출하는 베타글루칸은 인체에 무해하며 면역은 물론 콜라겐 합성에도 도움을 주는 등 노화 방지에도 효과적이라는 것이 밝혀졌다.

# 알로에베라잎수, 예민한 피부 진정

알로에베라

**알로에베라잎수**
① 피부 진정
② 체온 관리
③ 피부열 보호

더운 사막에서도 자생력이 강한 알로에는 오래전부터 사막 여행객에게 요긴한 식물이었다. 피부 진정과 여러 문제성 피부질환에 효과가 있기 때문이다. 최근에는 식품으로도 각광받는 원료다.

오래전부터 화장품과 식품의 주요 성분으로 사용해온 알로에는 우리에게 비교적 익숙하다. 지중해 지방과 아프리카가 원산지인 알로에는 내리쬐는 태양으로부터 피부를 보호하는 데 사용했고 몸의 열기를 식히기 위해 식용으로도 즐겨 먹었다.

수백 종에 이르는 알로에 중에서도 독성이 없어 식용으로 크게 애용하는 것으로는 알로에베라, 알로에아보레센스, 알로에사포나리아 세 종류가 있다. 이 중 알로에베라의 잎을 수증기로 증류해 얻은 성분이 알로에베라잎수 Aloe Barbadensis Leaf Water 다.

베라에는 '진실'이라는 뜻이 있어 피부 진정 효과에 진실로 다가선다는 의미로도 해석한다. 예민하고 문제성 있는 피부를 가라앉히고 진정시키는 역할이 가장 크고 보습, 항염에도 탁월한 기능이 있다.

# 베타인, 글리세린보다 강력한 보습 효과

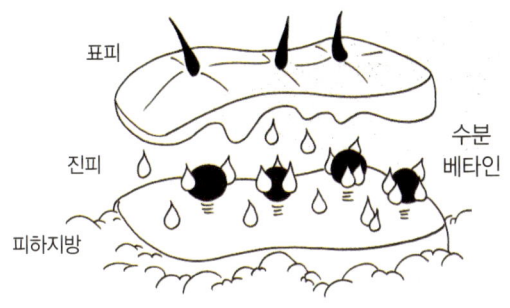

베타인은 글리세린보다 보습력이 좋다는 평가를 받는다.
피부의 유수분 밸런스로 피부장벽 기능 강화는 물론 자극 감소 효과까지 낸다.

베타인Betaine은 사탕수수, 비트, 구기자 등에서 추출하는 트리메틸글리신Trimethylglycine으로 단맛의 아미노산에 속한다. 보습력이 매우 강해 글리세린보다 낫다는 평을 받는다. 화장품뿐 아니라 심혈관에 좋은 식품으로도 사랑받는 원료이며 피부세포로 침투하는 능력이 강해 우수한 보습 성분으로 유명하다.

피부는 일단 보습을 확보하면 곧바로 진정 효과를 보이며 이후 탄력과 개선을 진행한다. 그래서 피부의 우선순위는 바로 보습 확보다. 보습이 좋으면 자외선에 강하고 외부 충격으로부터 보호하는 능력도 커진다. 아토피나 피부질환은 모두 보습 능력이 떨어지면서 외부 환경에 적응하지 못한 탓에 발생하는 질병이다. 이러한 보습에 아주 좋은 성분 중 하나가 베타인이다.

# 드래곤스블러드, 상처 치유

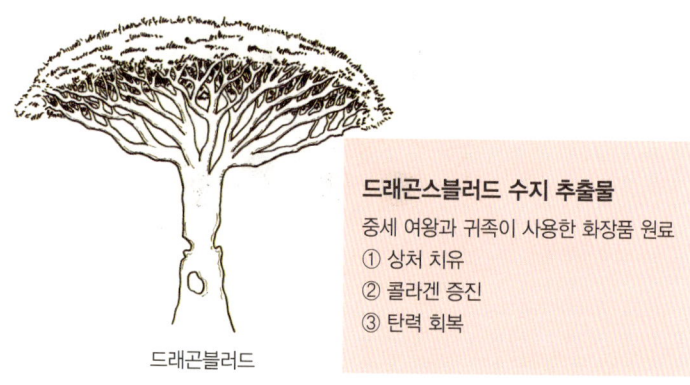

드래곤블러드

**드래곤스블러드 수지 추출물**
중세 여왕과 귀족이 사용한 화장품 원료
① 상처 치유
② 콜라겐 증진
③ 탄력 회복

낯선 이름의 드래곤스블러드 트리Dragon's Blood Tree(학명 Croton Lechleri)는 원산지가 페루이며 아마존 상류 남아메리카 지역에 서식하는 10~20미터의 거목이다. 나무를 자르면 붉은 진액이 흐르는데 이것이 용의 피(용혈)라 불리면서 'Dragon's Blood'라는 이름이 붙여졌다.

아마존 원주민들은 오래전부터 건강 증진과 피부 상처에 드래곤스블러드를 사용했다. 또 중세에는 여왕과 귀족이 화장품 원료로 사용할 만큼 유명한 성분이다. 드래곤스블러드 추출물의 유효 성분 중 타스핀Taspine은 질소를 함유한 유기화합물로 상처 치유 등 피부에 좋은 효과를 낸다. 현재 드래곤스블러드의 일부 성분은 제약회사가 연구 개발해 특허로 보호받고 있다.

# 프로폴리스, 피부 면역

프로폴리스는 강력한 항산화물질인 플라보노이드를 다량 함유하고 있어 피부 면역을 증진하는 기능을 한다.

프로폴리스Propolis는 꿀벌이 수액·꽃가루에 침과 분비물을 섞어 만든 성분으로 강력한 천연 항생제 역할을 한다. 그리스어로 '방어, 지키다'라는 뜻의 Pro와 '도시'를 뜻하는 Polis를 합쳐 '도시를 지키다'라는 의미의 프로폴리스는 피부 면역에 좋아 화장품 원료로 사용한다. 무엇보다 강력한 항산화물질인 플라보노이드를 다량 함유하고 있어 인류 역사와 공존하면서 건강과 피부에 효자 노릇을 하고 있다.

프로폴리스는 꿀벌들이 자신의 집을 지키기 위해 사용하는 물질이다. 실제로 이것을 사용하면 피부의 종기나 염증, 상처에 매우 호전적인 결과를 얻는다. 특히 면역력 강화에 좋으며 청결 작용도 있어 피부에 사용할 경우 피부 면역을 강화하고 피부가 청결해진다. 그러나 살균력이 아주 강해 때로 피부가 벗겨지기도 하므로 피부에 직접 사용하기보다 화장품 원료로 안전하게 사용하는 것이 현명하다.

# 트레할로스, 피부 보습

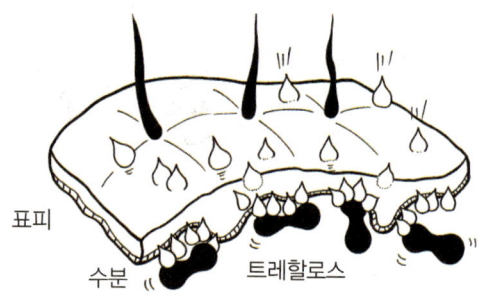

트레할로스는 수분을 끌어들여 표피층 보습을 돕고 보호하는 기능을 한다.
현재 의약품, 화장품, 건강식품 등에서 폭넓게 쓰이고 있다.

트레할로스Trehalose는 해바라기씨, 이스트 등에서 추출하는 천연 성분이다. 포도당과 엿당의 결합으로 맛이 달콤하고 수분을 끌어당기는 힘이 강해 감미제나 보습제로 사용한다. 피부 각질층에 있는 천연 보습인자의 10퍼센트가 당질이라 트레할로스는 피부 친화성이 있다.

피부 구성에 당질이 포함된 것은 당질의 점성도 때문이다. 점성도가 강하면 그만큼 끌어당기고 붙잡는 역할이 커지며 피부 보습은 당질 함량이 조절한다고 해도 과언이 아니다. 트레할로스를 사용할 경우 세포 표면에서 유리막 같은 것을 형성해 세포의 수분 증발을 방지하고 세포 내 물질이 마르는 것을 막아 촉촉한 피부를 유지해준다. 트레할로스의 기능이 뛰어나 최근 화장품뿐 아니라 식품 산업, 의약품 등 각 분야에 폭넓게 쓰이고 있다.

# 아르기닌, 콜라겐 합성으로 강력한 피부 탄력 증진

### 아르기닌의 3대 기능

1) 천연산도 조절
   화장품의 pH를 조절하는 역할을 한다.

2) 모발 컨디셔닝
   모발을 부드럽게 해주는 효과가 있다.

3) 세포 재생
   ① 피부를 매끄럽게 하고 활력을 준다.
   ② 피부 속 콜라겐 활동에 관여해 건강한 피부 개선 관리에 도움을 준다.
   ③ 피부의 수분과 윤기를 유지해준다.
   ④ 피부세포 대사를 활성화한다.
   ⑤ 손상된 피부를 회복해준다.

화장품 원료로 사용하는 아르기닌Arginine은 단백질을 구성하는 아미노산의 일종으로 알지닌이라 부르기도 한다. 현재까지 20여 종을 발견했으며 이 중 반드시 외부에서 섭취해야 하는 필수아미노산은 9종이고 몸 안에서 합성이 가능한 비필수아미노산은 11종이다.

아르기닌은 몸 안에서 합성되는 비필수아미노산이지만 단백질 합성에 절대적으로 필요한 핵심 성분으로 부족하면 피부 건강에 그대로 드러난다. 특히 피부 속 콜라겐 활동에 관여해 건강한 피부 개선은 물론 탄력 있는 피부를 가꾸는 데 일등공신 역할을 한다. 현재 아르기닌은 기능성 화장품 원료로 쓰이고 있다.

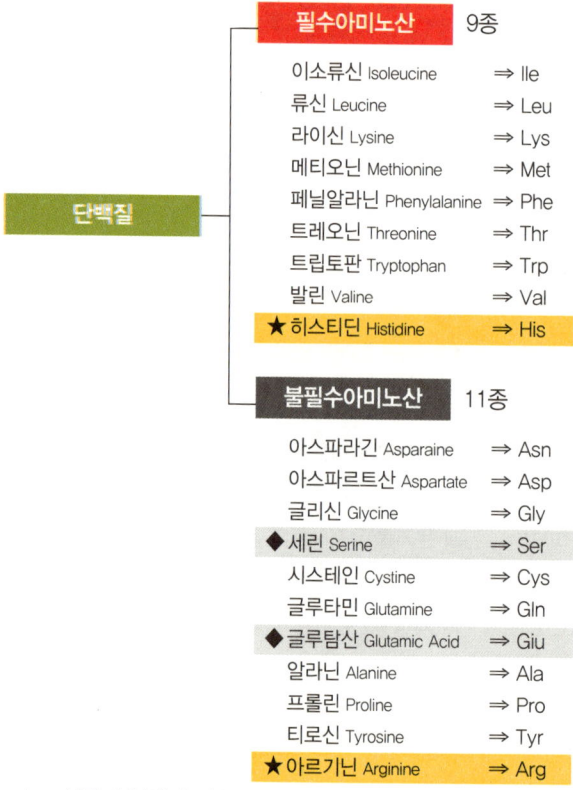

★ : 성장기 인체에 필수
◆ : 정상 상태에서는 체내 합성으로 충족할 수 있지만 특정 상태에서는 합성에 제한을 받는 아미노산

인체에서 단백질은 약 15퍼센트를 차지한다. 단백질 부족은 모발 건강을 해쳐 탈모 등의 부작용이 나타난다. 피부 역시 윤기를 잃고 거칠어진다. 또한 진피의 핵심 물질이 모두 단백질이라 단백질이 부족할 경우 피부에 탄력이 사라져 늘어지고 꺼진 피부가 된다.

**세상의 모든 화장품
케어셀라로 답하다**

초판 1쇄 발행 | 2019년 5월 24일
출판등록번호 | 제2017-000004

펴낸곳 | 에스북
지은이 | 황선희
그  림 | 홍동주

펴낸이 | 서  설
디자인 | 디자인뷰

잘못된 책은 바꿔드립니다.
가격은 표지 뒷면에 있습니다.

**979-11-89286-03-3**

주소 | 경기도 하남시 미사강변대로 240
전화 | 031-793-4680
팩스 | 031-624-1549
메일 | sbookclub@naver.com

Copyright ⓒ 2017 by 에스북
이 책은 에스북이 저작권자와의 계약에 따라 발행한 것이므로 본사의 서면
허락 없이는 어떠한 형태나 수단으로도 이 책의 내용을 이용하지 못합니다.